工信精品**大数据技术**系列教材

U0740640

Web

数据可视化

教程

（基于 ECharts）

孙道远 陈承欢 王德兵◎主编

贺继东 朱忠旭◎副主编

人民邮电出版社

北 京

图书在版编目（CIP）数据

Web 数据可视化教程 : 基于 ECharts / 孙道远, 陈承欢, 王德兵主编. -- 北京 : 人民邮电出版社, 2025.
（工信精品大数据技术系列教材）. -- ISBN 978-7-115-66561-4

Ⅰ. TP31

中国国家版本馆 CIP 数据核字第 20250JD254 号

内 容 提 要

在大数据时代，数据可视化已成为数据分析结果的重要呈现方式。本书以开源可视化库 ECharts 为核心教学工具，以 ECharts 典型图表绘制为主要教学内容，详细讲解 ECharts 5.x 的图表类型、基础图表绘制和高级应用，以及相关的交互操作。全书共 9 个模块，分别是初识数据可视化与 ECharts，熟知 ECharts 的图表结构与基本组件，绘制 ECharts 柱状图和条形图，绘制 ECharts 折线图，绘制 ECharts 饼图，绘制 ECharts 散点图和气泡图，绘制 ECharts 高级图表，绘制 ECharts 特殊图表，以及应用 ECharts 高级功能。本书构建"示例代码""引导训练""实战任务"3 个渐进式训练层次，提供 49 段示例代码、71 项引导训练和 33 项实战任务，同时采用"纸质固定式+电子活页式+工作手册式"的融合型教材形式，旨在帮助读者快速掌握 ECharts 5.x 的基本使用方法和常见图表的绘制技巧，提升实战技能。

本书可作为高校各专业"Web 数据可视化"课程的教材，也可作为相关培训班的辅导资料，以及广大大数据技术爱好者自学数据可视化的参考书。

◆ 主　　编　孙道远　陈承欢　王德兵
　　副 主 编　贺继东　朱忠旭
　　责任编辑　顾梦宇
　　责任印制　王　郁　焦志炜

◆ 人民邮电出版社出版发行　　北京市丰台区成寿寺路 11 号
　　邮编　100164　电子邮件　315@ptpress.com.cn
　　网址　https://www.ptpress.com.cn
　　三河市君旺印务有限公司印刷

◆ 开本：787×1092　1/16
　　印张：16　　　　　　　　　　2025 年 8 月第 1 版
　　字数：400 千字　　　　　　　2025 年 8 月河北第 1 次印刷

定价：59.80 元

读者服务热线：(010)81055256　印装质量热线：(010)81055316
反盗版热线：(010)81055315

前　言

随着信息技术的迅速发展，我们已步入数据无处不在、无时不有的大数据时代。从社交媒体上的用户行为数据，到企业运营中的业务数据，再到科学研究中的实验数据，数据已经渗透到我们生活的方方面面，成为推动社会进步和经济发展的重要力量。在大数据时代，数据的规模、复杂性和多样性都是前所未有的，如何有效地管理和利用这些数据成为亟待解决的问题。

数据可视化作为大数据处理和分析的重要手段，正发挥着越来越重要的作用。它能够将抽象、枯燥、复杂或难以理解的数据转化为图形或图像，形象、直观地呈现数据蕴含的信息和规律。数据可视化不仅能够帮助用户快速理解数据背后的含义和规律，还能够为决策提供有力支持，推动业务的发展和创新。百度推出的开源可视化工具 ECharts 正是为满足大数据时代的数据可视化需求而诞生的。ECharts 提供了丰富的图表类型和高度可定制的配置项，使得数据可视化形式更加灵活和多样。ECharts 还支持数据的动态更新和交互操作，能够满足实时数据可视化的需求。

本书的优势和创新点主要体现在以下几个方面。

1. 把握新需求，保证教材的有效性

在大数据时代，数据可视化已经成为必备的技能。无论是前端开发工程师、数据分析师还是其他与数据打交道的用户，都需要了解并掌握数据可视化的基本原理和方法，这不仅有助于他们更好地处理并分析数据，还能够为业务决策提供有力支持，推动业务的发展和创新。本书正是为了满足这一需求而编写的，旨在帮助读者快速掌握 ECharts 5.x 的基本使用方法和常见图表的绘制技巧。通过学习本书，读者能够了解 ECharts 5.x 的基础架构、常用组件和配置项，掌握常见图表的绘制，熟练进行数据的动态更新和交互操作，为数据可视化项目的开发打下坚实的基础。同时，读者还可以了解 ECharts 5.x 在性能优化和兼容性问题处理方面的一些典型实践。此外，本书还提供一些实用的案例和技巧，帮助读者更好地应对实际开发中的数据可视化需求。

通过学习本书，读者能够轻松掌握 ECharts 5.x 的数据可视化技术，为自己的项目增添更多的数据可视化元素，提升决策效率和用户体验。同时希望读者能够轻松应对大数据时代的数据可视化挑战，在实践中不断探索和创新，发现新的需求和问题，为数据可视化技术的发展贡献自己的力量。

2. 紧跟新技术，注重教材的先进性

ECharts 是一款功能强大的开源可视化工具，简单易学、计算迅速、功能强大，赢得了众多开发者的青睐，具有广阔的应用前景。ECharts 5.x 是 ECharts 的最新版本，引入了许多新特性，

实现了许多新功能。本书紧跟技术前沿，详细介绍 ECharts 5.x 的新特性、新组件和新配置。例如，主题设计和配色优化功能可以提升图表的视觉效果；setOption 方法可以动态更新图表的数据和配置项，从而实现数据的实时刷新；支持图表的单击、悬停等交互操作，可以通过配置事件监听器来处理这些交互事件。

3. 探索新模式，实现教材的层次性

本书不仅介绍 ECharts 5.x 的基础知识和配置方法，还提供大量的训练案例，这些案例涵盖柱状图、折线图、饼图、散点图等多种传统图表类型，以及雷达图、热力图、旭日图、仪表盘、漏斗图等高级图表类型。通过这些案例，读者可以了解如何在实际项目中应用 ECharts 5.x 进行数据可视化，提升项目的用户体验和决策效率。

本书遵循学生认知规律和技能成长规律，构建"示例代码""引导训练""实战任务"3 个渐进式训练层次。其中，"示例代码"环节是相关知识的示例，可以加深读者对知识和技术的理解；"引导训练"环节专注于基础的图表绘制任务，帮助读者熟悉各种类型图表的绘制方法和属性设置方法；"实战任务"环节要求读者根据实际问题合理选择 ECharts 5.x 图表，灵活应用 ECharts 5.x 的图表技术，有效实现数据可视化，不断提高数据可视化能力。

4. 运用新形式，夯实教材的系统性

ECharts 包含标题、图例、提示框、工具栏、标注、标线、标域、时间轴、数据区域缩放、刷选、视觉映射等多种图表组件，柱状图、折线图、饼图、散点图、K 线图、雷达图、热力图、树图、旭日图、关系图、盒须图、仪表盘、漏斗图、桑基图等多种图表类型。每种图表组件、图表类型都有多样的属性参数和设置方法，为了保证各项内容的完整性和条理性，本书采用"纸质固定式+电子活页式+工作手册式"的融合型教材形式。ECharts 图表绘制的核心内容和典型示例以"纸质固定式"方式呈现；各图表组件和图表的属性参数及设置内容、篇幅较长的程序代码采用"电子活页式"方式展示；各图表组件和常用 ECharts 图表（柱状图、折线图、饼图、散点图）的属性参数及具体设置采用"工作手册式"方式编写。

本书由孙道远、陈承欢和王德兵任主编，贺继东和朱忠旭任副主编。由于编者水平有限，书中难免存在不妥之处，敬请专家与读者批评指正，编者的 QQ 为 1574819688。

编者

2025 年 5 月

目　录

模块 03   绘制 ECharts 柱状图和条形图 / 111

III

模块

初识数据可视化与
ECharts

01

数据可视化是一种重要的数据处理和分析技术，它通过直观的视觉形式呈现数据，帮助人们更好地理解和分析数据，提高工作效率和决策准确性。

ECharts（Enterprise Charts）是一款商业级图表库，其诞生初衷是满足公司商业体系里各种业务系统的报表需求。ECharts 凭借其强大的功能、高度可定制化的特点、广泛的兼容性以及活跃的社区支持，在数据可视化领域占据了重要的地位。无论是在商业应用、数据分析还是数据展示领域，ECharts 都提供了丰富的功能和灵活的配置选项来满足不同用户的需求。

ECharts 是一个使用 JavaScript 实现的开源可视化库，可以流畅地运行在个人计算机（PC）和移动设备上，其底层依赖矢量图形库 ZRender，提供直观、交互性强、可个性化定制的数据可视化图表。

1.1　认知数据可视化

1.1.1　数据可视化的定义

数据可视化是指将数据通过图形、图表、图像、动画等视觉元素呈现出来，以便理解、分析和传达信息的过程或技术。

数据可视化的核心目标是简化复杂数据，帮助用户更迅速地理解和处理大量的信息。通过将数据转化为直观的视觉形式，用户可以更容易地识别和解释数据中的模式和趋势，从而提高工作效率和决策的准确性。

数据可视化有多种形式，常见的形式包括折线图、柱状图、饼图、散点图、雷达图、热力图、地图等。每种形式都有其特定的应用场景和优缺点。

数据可视化在各个领域，如商业分析、医疗诊断、科学研究等都有广泛的应用，可以帮助用户更好地理解和分析数据，发现数据中的规律和趋势，从而做出更准确的决策和判断。

1.1.2　数据可视化的作用

数据可视化在各个领域都发挥着重要的作用，其主要作用如下。

（1）简化复杂数据

数据可视化通过图形、图表等直观的方式呈现数据，使得复杂的数据更易于理解和分析。它有助于揭示数据中隐藏的模式和趋势，帮助决策者快速抓住关键点。

（2）提高决策效率

可视化使得数据更易于理解和解释，从而加快决策过程。决策者可以更快地识别出问题、机会和风险，并及时采取相应的措施。

（3）提高决策准确性

数据可视化提供了对数据进行深度分析的工具，使得用户能够发现数据中的细微变化和异常值。图表、图形等可视化元素可以协助用户理解和分析数据、更全面地了解数据，从而做出更准确的决策。

（4）增强数据的吸引力

有效的数据可视化能够增强数据的吸引力，使用户更愿意去关注和理解数据。

（5）促进沟通与协作

可视化使得数据更易于被不同背景的人员理解，可促进跨部门、跨领域的沟通与协作。

（6）提升数据价值

通过可视化，数据中的价值得以更充分地展现和利用。企业可以更好地了解客户需求、市场趋势和业务绩效，从而制定更有效的战略。

（7）辅助教学与培训

在教育和培训领域，数据可视化有助于将抽象的概念和理论转化为具体的图像和图表，使得学生更容易理解和掌握相关知识。它还可以激发学生的学习兴趣和积极性，提高教学效果。

（8）优化用户体验

在产品设计和用户体验方面，数据可视化可以帮助设计师更好地了解用户的行为和需求。通过分析用户数据，设计师可以优化产品界面和功能，提升用户体验和满意度。

综上所述，数据可视化在简化复杂数据、提高决策效率和准确性、促进沟通与协作、提升数据价值以及辅助教学与培训等方面都发挥着重要的作用。随着技术的不断进步和应用场景的不断增加，数据可视化的作用将会越来越显著。

1.1.3 数据可视化的特性

数据可视化主要包括以下几个特性。

（1）直观性

直观性是数据可视化技术的核心特性之一，它将复杂的数据转化为易于理解的图表和图形，使用户能够更快速地理解数据的含义和趋势。

（2）易读性

数据可视化灵活运用颜色、形状、大小等视觉元素，降低了理解数据的难度，使非技术人员也能轻松理解数据。

（3）交互性

用户可以通过单击、拖曳、滚动等操作来探索数据的层次和细节，这种交互性使得数据分析更加灵活和深入。还可借助可视化大屏展示数据，实现数据的层层剖析。

（4）动态更新与实时性

数据可视化工具可以动态更新数据，反映数据的实时变化。它可以监控生产执行数据、设备数据、环境数据等，为决策赋能。

（5）适应性

数据可视化技术能够根据不同的数据类型和结构（如地理空间数据、时变数据、关系数据等）选择合适的可视化方法。

（6）可扩展性

数据可视化工具具有良好的可扩展性，可以应对日益增长的数据需求。

（7）跨平台性与兼容性

数据可视化工具通常能够在多种操作系统和设备上运行，具有良好的跨平台性和兼容性，方便用户在不同设备上访问和使用。

（8）美观性

良好的数据可视化不仅能够有效传达信息，而且注重视觉上的美观性，使数据的呈现更加吸引人。

（9）逼真性

部分数据可视化技术可与 3D 仿真技术和数字孪生技术结合使用，呈现逼真的物理实体模型和物理空间场景。

（10）安全性

数据可视化工具关注数据的安全性和隐私性，支持用户权限管理、数据加密传输和数据备份等功能，能有效防止数据泄露和未经授权的访问。

综上所述，数据可视化具备直观性、易读性、交互性、动态更新与实时性、适应性、可扩展性、跨平台性与兼容性、美观性、逼真性和安全性，这些特性使得数据可视化在数据分析、决策支持等领域发挥着重要作用。

1.1.4　数据可视化的基本流程

数据可视化是一个系统的过程，涵盖从数据收集到最终的可视化展示和结果解读等多个环节。详细的数据可视化基本流程如下。

（1）明确目标与需求

界定问题：明确数据可视化需要解决的问题或达成的目标。

了解受众：确定可视化结果的受众群体，了解他们的需求和期望。

（2）数据收集

来源多样：数据可以有多种来源，包括内部业务数据、外部公开数据、调查问卷等。

确保质量：注意数据的真实性和可靠性，以及数据的隐私和合规性问题。

（3）数据预处理

清洗数据：处理缺失值、删除重复值、转换数据格式等，确保数据的准确性和一致性。

整理归纳：将数据整理为适合可视化的格式，可能包括数据的归纳、聚合等步骤。

（4）数据分析

理解数据：通过统计分析、数据挖掘等方法，了解数据的主要特征和趋势。

探索关系：分析数据中的变量，探索变量之间的关系。

（5）选择合适的可视化工具与模式

工具选择：根据数据的类型和可视化的目标，选择合适的可视化工具，如 ECharts、Excel、Tableau、Power BI 等。

模式匹配：根据数据类型和展示需求，选择合适的可视化模式，如柱状图、折线图、饼图等。

（6）设计图表与布局

选择图表类型：根据数据的特点选择合适的图表类型。

设计布局：考虑图表的颜色、大小、形状、位置等布局因素，以优化数据的呈现效果。

（7）进行可视化

输入数据：在选择的工具中输入清洗和整理后的数据。

调整格式：根据设计的图表和布局，调整数据的格式、颜色、标签等。

添加元素：添加标题、标签、图例等必要的元素，使图表更加完整和易于理解。

（8）结果解读与呈现

解读数据：对可视化结果进行深入解读，分析数据的规律和趋势。

呈现结果：将解读结果以报告或图表形式呈现给用户，帮助他们更好地理解和利用数据。

（9）反馈与迭代

收集反馈：获取用户对可视化结果的反馈意见。

优化迭代：根据反馈意见对可视化结果进行优化和迭代，以提高其效果和用户体验。

综上所述，数据可视化的基本流程是一个从明确目标与需求到反馈与迭代的系统性过程。在这个过程中，需要综合运用数据处理、分析工具和技术手段，以确保最终的可视化结果能够准确、有效地传达数据信息和价值。

1.1.5　常用的数据可视化工具

数据可视化工具不仅需要具备强大的图表展示能力，还需要具备良好的数据处理能力，能完成数据清洗、数据整合、数据变换等工作，为数据可视化提供高质量的数据。

一个好的数据可视化工具不仅需要功能强大，还需要操作简便、界面友好，支持多种导出和分享方式，方便用户将图表嵌入网页、报告或演示文稿中。

数据分析和可视化领域存在多种工具，可以满足不同用户的需求。一些常用的数据可视化工具如下。

（1）ECharts

ECharts 是一个使用 JavaScript 实现的开源可视化库。它支持自定义，能够满足网页和移动端的数据可视化需求；提供了丰富的图表类型和交互功能；具有良好的跨浏览器兼容性。它适用于前端开发、数据分析等场景。

（2）Excel

Excel 是一款功能强大的电子表格软件，内置了丰富的数据可视化工具。它操作简单易上手，适合初学者使用；提供了多种图表类型，如柱状图、折线图、饼图等；具备数据透视表等高级数据分析功能。它适用于日常办公、数据分析报告制作等场景。

（3）Tableau

Tableau 是一款功能强大的数据可视化工具，以易用性和强大的数据处理能力而闻名。它支持多种数据源的无缝接入；提供了丰富的图表类型和灵活的拖放式界面；具备实时分析和数据聚合、分组、过滤等高级分析功能。它适合专业数据分析师、商业智能团队等用户使用。

（4）Power BI

Power BI 是微软推出的商业智能工具，集成了数据集成、数据仓库、报告和数据可视化功能。该工具与微软办公软件集成紧密，适合企业级用户；提供了易于使用的拖放式界面和丰富的可视化选项；具备数据建模、预测分析和机器学习等高级功能。它适用于企业内部数据分析、报告制作和决策支持等场景。

（5）Dycharts

Dycharts 是一个功能强大且免费的在线数据可视化工具。它操作简单，没有任何基础也能做出专业的图表；提供了近 100 种图表类型，能够满足各行各业的制表需求；支持一键生成可视化视频。它适合个人、中小企业等用户使用。

（6）山海鲸可视化

山海鲸可视化是一个国产自研零代码数字孪生开发平台。它支持大数据量的快速渲染和游戏级渲染视效；提供了丰富的组件和大屏模板；界面友好，学习成本低，可以通过拖曳编辑操作。它适用于可视化大屏制作、数字孪生应用等场景。

（7）Plotly

Plotly 是一款开源的数据可视化工具，支持多种编程语言。该工具提供了高质量的图形输出和丰富的交互功能；支持多种数据类型和图表类型；适合科研人员和数据分析师进行高级数据可视化探索。它适用于科研、数据分析、教育等场景。

（8）D3.js

D3.js（Data-Driven Documents）是一个强大的 JavaScript 库，用于创建自定义的数据可视化图表。该工具提供了丰富的图形元素和布局算法；允许开发者使用超文本标记语言（Hypertext Markup Language，HTML）、可缩放矢量图形（Scalabe Vector Graphics，SVG）和串联样式表（Cascading Style Sheets，CSS）来创建交互式的图表和图形。它适合有一定编程基础、需要从底层构建数据可视化解决方案的开发者使用。

（9）其他工具

① 九数云：在线数据分析与图表制作工具，功能专业且全面，操作简单，适合所有人使用。

② 简道云：零代码开发平台，提供了数据处理、数据分析、数据预警等功能，支持多种图表类型，操作便捷。

③ 图表秀：免费的在线图表制作网站，提供了数十种常用图表和高级可视化图表，能够满足各种使用需求。

④ ChartCube：阿里旗下的在线图表制作工具，提供了多种图表模板，操作便捷。

综上所述，数据可视化工具有各自的特点和优势，需要用户根据自己的需求、技能水平和使用场景来选择。

1.2 认知 ECharts

ECharts 最初由百度团队开发，并于 2018 年初捐赠给 Apache 软件基金会（ASF），成为 ASF 孵化级项目。经过不断发展与完善，ECharts 于 2021 年 1 月 26 日正式成为 ASF 的顶级项目。它旨在为开发者提供一个简单、易用、高效且功能丰富的数据可视化解决方案，以满足各种数据展示和分析的需求。

1.2.1 什么是 ECharts

ECharts 是一款使用 JavaScript 开发的开源可视化图表库，它支持创建各种交互式、动态和美观的图表，适用于数据可视化展示和数据分析应用。它提供简单而强大的方式来创建交互式、可定制的图表（如折线图、柱状图、散点图、饼图等），以及更复杂的图表（如地图、热力图、雷达图等）。ECharts 支持多种数据格式，并且允许用户通过简单的配置项自定义图表的外观和行为。

ECharts 是一个功能强大、灵活可定制的数据可视化图表库，提供了丰富的图表类型和强大的数据展示功能，适用于各种数据可视化场景，如数据分析、实时监控、大屏展示、地理信息可视化等。无论是简单的数据展示还是复杂的数据分析，ECharts 都能够提供满足需求的解决方案。

ECharts 可以流畅地运行在 PC 和移动设备上，兼容当前绝大部分浏览器，包括但不限于 IE 9/10/11、Edge、Chrome、Firefox、Safari 等，这意味着用户使用任何浏览器访问包含 ECharts 图表的网页，基本都能正常查看和操作图表。ECharts 底层依赖轻量级的矢量图形库 ZRender，提供直观、交互丰富、可个性化定制的数据可视化图表。

1.2.2 ECharts 的发展历程

ECharts 的发展历程可以追溯到 2012 年，其发展脉络如下。

（1）初创与早期发展

起源：ECharts 起源于百度 2012 年的凤巢项目。当时，百度凤巢前端技术负责人在项目中使用 Canvas 制作图表，并编写出了 ZRender，这是 ECharts 的前身。ZRender 是全新的轻量级 Canvas 类库，为后续 ECharts 的开发奠定了基础。

发布：2013 年 6 月 30 日，ECharts 发布了 1.0 版本，并入选了"2013 年国产开源软件 10 大年度热门项目"，标志着其正式进入公众视野。

（2）成长与迭代

大重构：2014 年 6 月 30 日，ECharts 发布了 2.0 版本，进行了全面重构，性能得到极大提升。这一版本为 ECharts 的后续发展奠定了坚实的基础。

版本更新与优化：此后，ECharts 经历了多个版本的迭代和更新，如 2015 年发布了 2.2.0、2.2.2、2.2.3 和 2.2.6 等多个小版本，其中 2.2.2 版本的发布标志着在线构建工具的诞生。版本更新，ECharts 的性能和功能不断优化，提升了用户体验。

（3）开源与国际化

开源捐赠：2018 年初，百度团队将 ECharts 捐赠给 ASF，成为 ASF 孵化级项目。这一举措标志着 ECharts 开始走向国际化和开源的发展道路。

成为顶级项目：2021 年 1 月 26 日，ASF 官方宣布 ECharts 项目正式成为 Apache 顶级项目。这标志着 ECharts 在开源社区中的地位得到了进一步提升，受到越来越多的认可。

（4）持续发展与广泛应用

版本升级：截至 2024 年 5 月，ECharts 已经发展至 5.5 版本。这些新版本通过引入新的功能和持续优化，满足了用户日益增长的需求。

功能丰富：ECharts 提供了丰富的图表类型，包括折线图、柱状图、散点图、饼图、盒须图、地图、线图等。此外，ECharts 还支持图与图混搭，用户可以根据需要组合使用图表。

广泛应用：ECharts 已经广泛应用于各行各业的数据可视化领域，包括实时监控、大屏展示、地理信息可视化等。ECharts 强大的功能和灵活的可定制性使其成为数据可视化领域的佼佼者。

综上所述，ECharts 的发展历程是一个不断迭代、优化和扩展的过程。从最初的百度内部项目到现在的 Apache 顶级项目，ECharts 已经成为一款功能强大、灵活可定制的数据可视化图表库，为各行各业的数据可视化提供了有力的支持。

1.2.3 ECharts 的主要功能与技术特点

ECharts 提供了一个简单而直观的方式来创建交互式、可定制的图表，广泛应用于数据可视化领域。

（1）丰富的图表类型

ECharts 支持多种图表类型，满足了不同场景下的数据可视化需求，包括折线图、柱状图、散点图、饼图、雷达图、热力图、K 线图等在内的多种常规图表，还有用于统计的盒须图，用于地理数据可视化的地图、线图，用于关系数据可视化的关系图、矩形树图、旭日图，用于多维数据可视化的平行坐标图，用于商业智能分析的漏斗图、仪表盘等复杂的图表，每种图表类型都提供了丰富的配置选项和样式选项，允许用户根据需求自定义图表的外观和行为。从颜色、字体、线条样式到图表的交互方式，用户都可以进行细致的调整。ECharts 还支持图与图混搭，允许用户进行个性化的定制，满足多样化的数据展示需求，能够直观地展示数据的特征和趋势。

（2）高度的可定制性

ECharts 采用了模块化的设计，每个图表类型都是一个独立的模块，可以根据需要进行加载。同时，它提供了大量的样式、格式和主题选项，用户可以根据自己的需求来定制图表的外观和风格。

颜色主题：ECharts 提供了多种内置的颜色主题和样式，如深色模式，同时支持用户自定义主题。

图表配置：ECharts 允许用户对图表的各个部分进行精细化的定制，可以通过修改图表的配置项来自定义图表的样式与布局、动画效果、交互行为等，使得图表更加符合用户的期望和需求。

（3）强大的交互功能

ECharts 支持丰富的交互操作，用户可以通过鼠标滚动、拖曳等方式与图表进行交互，更加灵活地探索和分析数据。此外，ECharts 还支持数据筛选、缩放等操作，进一步增强了用户与数据的互动性。

交互组件：ECharts 提供了图例、视觉映射、数据区域缩放、工具栏、刷选等交互组件，具有丰富的交互手段，增强了用户体验。

事件处理：ECharts 支持各种事件（如单击、悬停、拖曳等）的处理，用户可以通过事件监听和回调函数来实现复杂的交互逻辑。

（4）强大的数据处理能力

支持多种数据格式：ECharts 支持 JSON、数组、TypedArray 等多种数据格式，能够直接处理并展示数据。

大数据支持：通过增量渲染技术和优化的数据处理机制，ECharts 能够高效地展示千万级的数据量，并保持流畅的交互体验。

动态数据：ECharts 支持动态数据的更新和实时刷新，适用于实时监控和动态数据展示场景。

（5）跨浏览器、跨平台支持与移动端优化

ECharts 兼容当前绝大部分浏览器（如 IE 9/10/11、Edge、Chrome、Firefox、Safari 等），用户可以在不同的环境下正常查看和使用图表。

跨平台使用：ECharts 可以在各种平台上流畅运行，包括 PC 和移动设备。

适配移动端：ECharts 可以在不同屏幕尺寸的移动设备上自适应地展示图表，给用户良好的可视化体验。

移动端优化：ECharts 针对移动端交互做了细致的优化，例如支持在移动端小屏上进行缩放、平移等操作，并提供了细粒度的模块化和打包机制以减小体积，还提供了触控交互和响应式设计支持。

（6）响应式设计和优化

ECharts 支持响应式设计，能够根据容器的大小自动调整图表的尺寸和布局，使得图表在各种设备上都能呈现良好的视觉效果；提供了多种性能优化措施，确保在大数据量下仍能保持流畅的图表渲染效果。

（7）开源和社区支持

ECharts 是开源项目，遵循 Apache 2.0 开源协议，用户可以自由地使用、修改和分发；拥有活跃的社区和丰富的文档资源，用户可以通过社区获取帮助和支持，并与其他用户进行交流和分享。

（8）强大的扩展性

自定义系列功能：用户可以通过传入渲染函数来自定义图表的图形，实现个性化的视觉效果。

社区扩展：ECharts 拥有活跃的社区，提供了三维可视化扩展（ECharts GL）、地图扩展（BMap、AMap）等丰富的扩展和插件，方便用户使用 ECharts。

（9）服务端渲染和多渲染方案

ECharts 提供了服务端渲染（Server Side Render，SSR）的支持，便于与各种后端技术栈集成。可以在 Node.js 环境中生成图表并将其输出为图片或 HTML 页面，缩短前端的渲染时间并提高性能。

ECharts 支持以 Canvas、SVG（4.0+）、VML 的形式渲染图表，提供了更多选择以适应不同场景下的需求。

（10）无障碍访问

ECharts 遵从 W3C 制定的无障碍富互联网应用规范集（WAI-ARIA），支持自动根据图表配置项智能生成描述，使得盲人可以在朗读设备的帮助下了解图表内容，提高了图表的可访问性。

（11）动画与特效

动态效果：ECharts 支持各种动画（如初始化动画、过渡动画等），增强了图表的动态表现力，使得数据展示更加生动有趣。

三维可视化：通过 ECharts GL，可以实现基于 WebGL 的三维可视化效果，如三维地球、建筑群等。

（12）图表混搭与多图表联动

ECharts 支持图表的混搭和联动，可以创建出复杂而富有表现力的数据可视化效果。

图表混搭：ECharts 支持任意图表的混搭，可以在同一个图表中展示多种类型的数据和图表。

多图表联动：当多个系列的数据存在极强的不可分离的关联意义时，可以使用联动的多图表进行展示，增强图表的表现力和可读性。

（13）向后兼容性强

在绝大多数情况下，开发者不需要为升级到 ECharts 5.x 做额外的工作，因为 ECharts 一直尽可能地保持应用程序接口（API）的稳定和向后兼容。不过，也需要注意一些非兼容改动和 API 更新。

总的来说，ECharts 凭借其丰富的图表类型、高度个性化的特点、灵活的交互特性、强大的数据处理能力以及良好的跨平台兼容性，成为数据可视化领域的一款优秀工具。

1.2.4 ECharts 的使用场景

ECharts 广泛应用于各个领域，适用于各种数据可视化场景，具体如下。

（1）数据分析和报告

ECharts 可用于在各种数据分析平台、商业智能系统中展示和分析各种业务数据，生成各种类型的数据报告和分析图表，帮助用户更直观地理解和分析数据。通过各种图表，用户可以快速发现数据间的关联和趋势，更好地理解数据背后的信息和规律。

（2）实时监控

ECharts 支持实时数据（如股票行情、网站流量、天气预报、交通状况等）的展示和更新，可以用于制作实时监控和仪表盘应用，方便用户对系统状态进行实时监控和管理，其交互性和动态性可以提供更好的用户体验。

（3）大屏展示

ECharts 可用于在大屏幕上展示数据可视化效果，如指挥中心、展览展示等。

（4）地理信息可视化

ECharts 提供了丰富的地图功能，可以用于地理信息系统（Geographic Information System，GIS）和位置数据的可视化展示，如销售地域分布、人口分布等数据的展示。

（5）商业智能分析

ECharts 可以与商业智能系统结合使用，为用户提供丰富的数据可视化展示和分析功能，可以用于创建各种类型的数据报表、仪表盘、漏斗图等商业智能图表，帮助用户监控关键业务指标和数据趋势。

（6）科研与教育培训数据展示

ECharts 可用于在网站、博客、教育培训平台等多个场景展示数据，如统计数据、科研数据、教学数据等。

（7）网站与 App 数据可视化

ECharts 可以嵌入网站和 App，为用户提供直观的数据可视化体验。

1.3 认知 ECharts 支持的图表类型

ECharts 支持多种图表类型以满足不同的数据展示需求，可以根据具体的数据展示需求选择合适的图表类型来呈现数据。

1.3.1 ECharts 支持的图表按功能进行分类

（1）常规图表：用于展示不同类型的数据和趋势，如折线图、柱状图、散点图、饼图、K线图、热力图等。

（2）统计图表：用于展示数据的分布情况，如盒须图。

（3）地理数据可视化：用于展示地理空间数据，如地图、线图。

（4）关系数据可视化：用于展示数据之间的关系和层次结构，如关系图、矩形树图、旭日图。

（5）多维数据可视化：用于展示多维数据，如平行坐标图。

（6）商业智能图表：用于商业智能分析，如漏斗图、仪表盘。

1.3.2 ECharts 支持的常见图表按数据性质和展示需求进行分类

ECharts 是一个强大的数据可视化库，它支持多种类型的图表，这些图表可以根据数据的性质和展示需求进行分类，常见分类方式如下。

1. 基础图表

基础图表是 ECharts 中常用的图表类型，它们适用于大多数基本的数据展示和分析场景。

（1）折线图

折线图（Line Chart）用于展示数据随时间或其他连续变量变化的趋势，是基础且常用的图表类型，适用于时间序列数据（如股票价格、气温等）的分析。

（2）柱状图/条形图

柱状图/条形图（Bar Chart/Column Chart）通过矩形条的长度来表现不同类别数据之间的大小或数量关系。它还包括堆叠柱状图、动态排序柱状图、瀑布图等多种变形，是分类数据展示的常用图表，适用于对比不同产品的销售量、各个城市的人口等。

（3）饼图/圆环图

饼图/圆环图（Pie Chart/Donut Chart）用于展示各部分在总体中所占的比例，可以清晰地看到各个部分所占的相对比例。此外，它还有嵌套圆环图、南丁格尔玫瑰图等变形，适用于显示部分与整体的关系，如不同产品的市场份额。

（4）散点图

散点图（Scatter Chart）用于展示两个变量之间的关系，可用于发现数据的分布规律和异常值，每个数据点表示一个观测值，通常用于展示相关性或分布情况。

（5）区域面积图

区域面积图（Area Chart）与折线图类似，但下方区域被填充，强调数据总量和变化趋势。

2. 高级图表

高级图表提供了更复杂的数据展示和分析功能，适用于需要深入挖掘数据关系的场景。

（1）K线图

K线图（K Line Chart）也称为蜡烛图，是股票市场分析中常用的图表类型，用于展示股票、期货等金融市场的价格走势，包含开盘价、收盘价、最高价和最低价等信息。

（2）雷达图

雷达图（Radar Chart）也称为蜘蛛网图，用于展示多个指标的相对大小和相关性，比较不同类别的多维数据，可以直观地看到各个指标的表现情况。数据以多边形的形式表示，适用于多维属性的比较。

（3）盒须图

盒须图（Box Plot）用于展示一组数据的分布情况，能显示最大值、最小值、中位数、上四分位数、下四分位数、异常值等，反映一组或多组连续型定量数据分布的中心位置和散布范围。盒须图对分析数据的统计特性有很大的帮助，适用于统计学分析，是品质管理和统计分析中常用的图表类型。

（4）热力图

热力图（Heatmap）通过颜色深浅表现数据在二维空间的密度分布情况，用于展示数据之间的相关性或密集程度，显示某一块区域上具体细小区域的数据分布情况，适用于展示大量数据点的聚集情况。

（5）仪表盘

仪表盘（Gauge Chart）模拟真实仪表盘或仪器表，用于展示单个数值（如速度、温度）的实时状态或进度，适用于显示某一指标的值和范围。

（6）地图

地图（Map）用于展示与地理相关的数据，可以是区域数据、点数据或线数据，包括地理位置、热力分布、标记点、区域分布等。地图可以显示各个区域的统计数据或分类信息，对分析地理数据非常有用，支持缩放、漫游等交互操作。

3. 特殊图表

特殊图表是针对特定的应用场景和数据性质设计的，具有独特的展示和分析功能。

（1）关系图

关系图（Graph）用于展示节点和节点之间的关系和连接情况，适用于分析网络结构或关系复杂的数据。

（2）树图

树图（Tree Chart）是一种利用包含关系表现层次化数据的可视化方法，用于展示层级结构的数据，如组织结构、目录结构等，便于理解和分析数据之间的层级关系。

（3）矩形树图

矩形树图（Rectangular Tree Chart）是一种现代饼图，超越了传统的饼图，能清晰表现层级和归属关系，以父子层次结构来显示数据构成情况。它既能表现数据的关系，又能表现每个层级的占比。

（4）旭日图

旭日图（Sunburst Chart）是树图的变种，用于展示层级数据的占比和层级关系。

（5）平行坐标图

平行坐标图（Parallel Coordinates Chart）是可视化高维几何和分析多元数据的常用方法，是折线图的进阶版。

（6）桑基图

桑基图（Sankey Chart）用于展示数据的流动和转移情况，如能量传递、资金流动等。

（7）漏斗图

漏斗图（Funnel Chart）是一种特定形状的散点图，各时间数据分布流转定点总表现为漏斗形状。它描述了特定对象（如流失率或转换率等）在时间或流程行进下所处的阶段，用于展示数据在多个阶段的流失或转化情况。

（8）主题河流图

主题河流图（Theme River Chart）用于展示主题随时间变化和演进的情况。

（9）事件河流图

事件河流图（Event River Chart）用于展示事件的时间序列和类别关系。

（10）水球图

水球图（Liquid Fill Chart）的图形呈现出水球的形状，用于展示百分比或比率，例如任务完成度、得分情况等。

（11）词云图

词云图（Word Cloud Chart）用于展示文本数据中词语的频率或重要性，通过词语的大小和颜色来表示词语的重要程度，突出显示关键词。

（12）极坐标图

极坐标图（Polar Chart）使用极坐标系进行绘制，如雷达图、极坐标折线图等。

ECharts 还支持其他多种图表类型，以及图与图的混搭，以满足更加复杂和多样化的数据可视化需求。

4. 自定义图表

ECharts 支持自定义图表类型，用户可以根据自己的需求和数据特点，通过 ECharts 提供的 API 和配置选项来自定义图表的样式、布局、交互效果等。自定义图表可以基于基础图表或高级图表进行扩展和修改，也可以完全从头开始创建。自定义图表给了用户更大的灵活性，可以满足更多样化的数据展示需求。

ECharts 支持的常见图表类型丰富多样，涵盖基础图表、高级图表、特殊图表和自定义图表四大类。用户可以根据具体的数据性质、展示需求和应用场景来选择合适的图表类型，以实现高效、准确的数据可视化。

此外，ECharts 还支持动态数据更新和实时刷新，适用于监控和实时数据展示应用。同时，ECharts 提供了丰富的交互特性，如数据点的悬停提示、单击事件、数据筛选和视图缩放等，增强了用户体验。用户还可以选择不同的主题和样式来自定义图表。

1.4 初识 ECharts 5.x

ECharts 5.x 在性能优化、交互功能、动态叙事能力、开发体验、可扩展性、社区支持和跨平台兼容性等方面都具有显著的优势。这些优势使得 ECharts 5.x 成为数据可视化领域的重要工具，广泛应用于数据分析、实时监控、地理信息可视化等场景。

1.4.1　什么是 ECharts 5.x

ECharts 5.x 是一个功能强大、灵活易用、高度可定制且性能优越的数据可视化库。ECharts 5.x 提供了丰富的图表类型和强大的交互功能，支持高度定制化开发。同时，ECharts 5.x 在性能、交互功能、视觉设计和动画效果等方面都进行了多项优化和升级，为用户提供更加优质的数据可视化体验。

ECharts 5.x 通过增强的动态叙事能力、优化的默认主题、新的标签功能以及增强的交互能力等，为用户提供更加丰富和直观的数据可视化体验。同时，其技术亮点（如 TypeScript 重构、更强的数据处理能力和国际化支持等）也进一步提升了其竞争力和实用性。

1.4.2　ECharts 5.x 的新特性与改进

（1）性能和交互体验优化

ECharts 5.x 在性能上进行了多项优化，包括提升渲染性能、改进内存管理等，使得大数据量的图表展示更加流畅。

ECharts 5.x 引入了脏矩形渲染、实时时序数据折线图优化等优化技术，显著提升了图表的渲染性能和响应性能，在处理大量数据时也能保持流畅的交互体验；解决了局部变化场景下的性能瓶颈问题，优化了实时时序数据折线图的性能。

（2）数据处理能力增强

ECharts 5.x 内置了强大的数据处理功能，支持数据的过滤、排序、分组等操作，方便开发者对原始数据进行处理和分析。同时加强了数据集的数据转换能力，让开发者可以通过简单的操作实现对图表数据的灵活控制和分析。

（3）交互能力增强

ECharts 5.x 在交互功能上进行了多项升级，支持多图表联动、触摸事件等，使得用户能够更加便捷地与图表进行交互。

ECharts 5.x 新增淡出非相关元素的效果，以及单击选中交互功能，帮助用户更好地聚焦于目标数据。

（4）视觉设计优化

ECharts 5.x 在视觉设计上进行了多项优化，包括默认主题重新设计、标签布局优化等，使得图表更加美观和易读。

优化的默认主题：ECharts 5.x 重新设计了默认的主题样式，确保色觉辨识障碍人士也能清楚地区分数据。

新的标签功能：ECharts 5.x 提供自动隐藏重叠标签、自动排布标签等功能，使密集的标签能清晰显示、准确表意。

时间轴和提示框改进：ECharts 5.x 支持更灵活的时间轴定制，提供更加优雅和清晰的提示框样式。

仪表盘升级：ECharts 5.x 支持以图片或矢量路径绘制指针、锚点（Anchor）配置项、进度条（Progress）、圆角效果等，增强了仪表盘的可定制性。

（5）动态叙事能力和动画效果优化

ECharts 5.x 新增了动态排序图和自定义系列动画，丰富了视觉设计（如默认设计、标签、时间轴等），使得数据展示更加生动和直观。

动态叙事能力：ECharts 5.x 通过新增的动态排序柱状图（Bar-Racing）、动态排序折线图（Line-Racing）和自定义系列动画等显著提升了图表的动态叙事能力。这有助于用户更好地理解数据随时间变化的趋势和背后的规律。

丰富的动画效果：ECharts 5.x 提供了更加丰富的动画效果，如图形形变（Morph）、分裂（Separate）、合并（Combine），以及标签数值文本的插值动画等。这些动画效果不仅增强了图表的视觉效果，还有助于用户更直观地理解数据的变化。

（6）更好的开发体验和可访问性

TypeScript 重构：ECharts 5.x 使用 TypeScript 进行重写，实现了更多新特性，提高了代码的可维护性和可扩展性，有助于开发者更加高效地进行开发和维护。

国际化支持：ECharts 5.x 将动态的语言包和静态的代码包分离，方便开发者进行语言切换，有助于实现图表的国际化展示。

提高可访问性：ECharts 5.x 实现了更多提高可访问性的设计（如高对比度主题等），有助于视觉障碍人士更好地理解图表内容。

（7）扇形圆角

ECharts 5.x 支持饼图、旭日图、矩形树图添加扇形圆角，使图表更加美观。

1.4.3　ECharts 5.x 有哪些不足

ECharts 5.x 是一个强大的数据可视化库，在多个方面表现出色，但它也存在一些不足。

（1）复杂图表自定义难度较高

虽然 ECharts 5.x 提供了丰富的配置项和样式选项，但对于一些复杂或者高度自定义的图表，开发者可能需要花费较多时间和精力进行调试和修改。这增加了开发复杂度和时间成本，可能会对一些初学者或技术水平有限的开发者构成挑战。

（2）性能瓶颈

当处理的数据量非常大时，ECharts 的渲染性能可能会受到影响。尽管 ECharts 5.x 在性能优化方面做出了一定努力，如引入脏矩形渲染等技术，但在处理极大量的数据时，仍然可能出现性能瓶颈，如图表的渲染速度变慢，甚至出现卡顿或崩溃的情况。

（3）移动端适配问题

移动设备的屏幕尺寸和分辨率各异，如果直接将 Web 上的 ECharts 图表应用到移动端，可能会出现图表显示不清晰或布局不合理的问题。尽管 ECharts 提供了一定的响应式设计支持，但在某些复杂场景下仍需要开发者进行额外的适配工作。

（4）交互局限性

在移动设备上，用户的交互方式主要是触摸屏幕，而 ECharts 在触摸事件处理方面可能存在一定的局限性。例如，在某些复杂交互场景下，触摸事件的响应速度和准确性可能不如鼠标事件。

（5）浏览器兼容性限制

ECharts 5.x 虽然支持多种平台和浏览器，但在某些老旧浏览器（如 IE8）或特定环境下的兼容性可能存在问题，这可能会限制 ECharts 在某些场景下的应用。

（6）学习曲线较陡

初次接触 ECharts 5.x 的开发者可能需要花费一定的时间来学习和熟悉其 API 和配置项。这可能会增加项目初期的开发成本。

（7）文档更新滞后

尽管 ECharts 的官方文档非常详细，但在某些情况下，文档的更新可能会滞后于版本的发布。这可能会导致开发者在使用新特性时遇到一些未知的问题。

（8）插件和扩展的局限性

虽然 ECharts 支持插件和扩展机制，但插件和扩展的可用性与质量参差不齐。此外，某些特定的功能或效果可能需要开发者自行实现或使用第三方插件实现。

（9）视觉样式的优先级调整

ECharts 5.x 对 visualMap 组件和 itemStyle、lineStyle、areaStyle 的视觉样式优先级进行了调整。这可能会对一些依赖旧版样式的图表产生影响，需要开发者进行相应的调整。

（10）文档和社区资源有限

文档深度：ECharts 尽管提供了详细的官方文档和示例，但可能缺乏对一些高级功能和复杂配置的详细解释。这可能导致开发者在理解和使用这些功能时遇到困难。

社区资源：虽然 ECharts 拥有一个活跃的开发者社区，开发者们可以在社区进行交流；但社区中仍存在部分问题未得到及时和有效解答的情况。

需要注意的是，以上不足并非 ECharts 5.x 的普遍问题，而是针对某些特定场景和需求而言的。在实际应用中，开发者可以根据具体需求选择合适的解决方案或结合使用多种工具来满足需求。同时，随着技术的不断发展和 ECharts 的持续更新迭代，这些问题也有望得到进一步的改善和解决。ECharts 5.x 的这些不足并不意味着它不是一个优秀的可视化库。相反，它仍然是一个功能强大、灵活易用的可视化工具。在实际应用中，开发者可以根据具体需求和环境选择合适的可视化库，并采取相应的措施来克服这些不足。

1.4.4 ECharts 5.x 的升级指南

从 ECharts 4.x 升级到 5.x 的用户需要注意以下事项。

（1）API 变更：一些 API 可能已被弃用或更改，需要查阅官方文档进行相应的调整。

（2）按需引入：推荐使用新的按需引入接口，以提高打包效率并减小体积。

（3）依赖调整：根据新的接口调整依赖项，如不再默认引入某些组件或渲染器。

（4）主题和样式：如果使用了自定义主题或样式，可能需要根据新的默认主题进行调整。

1.4.5 ECharts 5.5.0 的特性

（1）增强的 ESM 支持

为了让开发者在测试和 Node.js 环境下使用更方便，ECharts 5.5.0 对 ECMAScript 模块（ECMAScript Modules，ESM）的识别进行了优化。

以前，ECharts 只在 npm 包的 lib 目录中导出*.esm 文件。这一功能虽然在 bundlers 环境中表现良好，但在 Node.js 环境和一些基于 Node.js 的测试框架（如 Vitest 和 Jest）中的表现并不理想。

ECharts 5.5.0 做了几个改变以解决这个问题。

① 在 package.json 中添加了"type": "module"。

② 在 package.json 中添加了 "exports": {...}。

③ 在子目录中添加了一些只包含 "type": "commonjs" 的 package.json 文件。

这些改变意味着，像 echarts/core.js 这样的文件现在可以在像纯 Node.js、Vitest、Jest 和 Create-React App 这样的环境中解析为 ESM。

（2）服务端渲染 + 客户端轻量运行时

ECharts 的功能强大，相应地，其包体积也比较大。从 5.3 版本起，ECharts 支持零依赖的服务端 SVG 字符串渲染方案，并支持图表的初始动画。这样，使用服务端渲染的结果作为首屏渲染的画面，可以大大减少首屏加载时间。

服务端渲染虽然是一种有效减少包体积的解决方案，但如果需要在客户端实现一些交互，就不得不加载 echarts.js，这可能会增加加载时间。对于一些对页面加载速度要求较高的场景，这可能不是一个理想的选择。

5.5.0 版本新增了客户端轻量运行时，客户端无须加载完整 ECharts 即可实现部分交互。这样就可以在服务端渲染图表，然后在客户端加载轻量运行时，实现一些常见的交互。这意味着，只需要加载 4KB（压缩后约为 1KB）的轻量运行时，即可实现带初始动画和部分常用交互形式的图表。这一改进将极大地提升页面加载速度，优化用户特别是移动端用户的体验。

（3）数据下钻支持过渡动画

5.5.0 版本新增了 childGroupId 配置项，可以实现数据下钻的过渡动画。

之前的版本已经支持使用 groupId，用以表示当前数据所属的组别。而这次新增的 childGroupId 则可以用来表明当前数据本身的组别，与 groupId 配合使用后可以形成一个"父-子-孙"的关系链条。当用户单击图表中的数据元素时，图表会以过渡动画的形式展示下钻的数据，即开发者只需要指定 groupId 和 childGroupId，ECharts 就会自动处理层级关系，实现过渡动画。

（4）饼图支持设置扇区之间的间隔

通过在饼图扇区之间设置间隔，可以让饼图的数据块更加清晰，并且形成独特的视觉效果，扇区之间有间隔的饼图如图 1-1 所示。

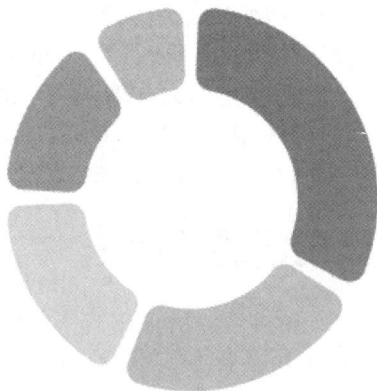

图 1-1　扇区之间有间隔的饼图

（5）饼图和极坐标系支持结束角度

结束角度的配置项使制作半圆形等不完整的饼图成为可能，极坐标系同样支持结束角度，可以制作出更加丰富的极坐标图表。

（6）新增 min-max 采样方式

ECharts 的 sampling 配置项允许设置折线图在数据量远大于像素点时的降采样策略，开启后可以有效地提高图表的绘制效率。5.5.0 版本新增了 min-max 采样方式，可以在保留数据的整体趋势的同时，更加精确地展示数据的极值。

（7）提示框支持指定容器

在之前的版本中，提示框（tooltip）只能插入图表容器或者 document.body。现在，可以通过 tooltip.appendTo 指定容器，从而更灵活地控制提示框的位置。

（8）坐标轴最大、最小标签的对齐方式

5.5.0 版本新增了 axisLabel.alignMinLabel 和 axisLabel.alignMaxLabel 配置项，可以控制坐标轴最大、最小标签的对齐方式。如果图表绘图区域比较大，不希望坐标轴标签溢出，可以将最大、最小标签分别对齐到右和左。

（9）象形柱图支持裁剪

象形柱图可能存在超出绘图区域的情况，如果希望避免出现这种情况，可以通过 series-pictorialBar.clip 配置项进行裁剪。

（10）提示框 valueFormatter 增加 dataIndex 参数

valueFormatter 可以用来自定义提示框内容中数值的部分，5.5.0 版本新增了 dataIndex 参数，可以用来获取当前数据的索引。

1.5　下载与安装 ECharts 5.x

1.5.1　下载 ECharts 5.x

1. 访问 ECharts 官网

访问 ECharts 的官方网站 https://echarts.apache.org/zh/index.html。

2. 选择下载方式

在官网首页或下载页面，可以选择通过 npm（node package manager）安装，这是推荐的方式，因为它可以方便地管理项目依赖。

如果不希望使用 npm，也可以从官网直接下载 ECharts 的源代码文件。

（1）使用 npm 下载

打开命令行工具（如 cmd 窗口、PowerShell 窗口或 Terminal 窗口），运行以下命令，全局安装 cnpm（国内的 npm 镜像源，下载速度更快）：

```
npm i -g cnpm --registry=https://registry.npmmirror.com
```

运行以下命令，使用 cnpm 下载 ECharts：

```
cnpm i echarts -D
```

（2）直接下载源代码

ECharts 源代码有多种下载方式，这里以从 jsDelivr 上获取 5.5.1 版本源代码为例进行说明。在网站 https://www.jsdelivr.com/package/npm/echarts 中选择 dist/echarts.js，保存为 echarts.js 文件。

也可以在该页面中直接下载 echarts-5.5.1.tgz，解压缩后，得到 echarts.min.js 文件或 echarts.js 文件。

1.5.2　安装与引入 ECharts

ECharts 的安装方法多种多样，可以根据项目的实际情况选择合适的方法。常见的安装 ECharts 的方法如下。

1. 通过 npm 安装

推荐通过 npm 安装 ECharts，特别是使用前端开发工具（如 webpack、Vite 等）时。

打开命令行工具，进入项目所在文件夹，运行以下命令安装 ECharts：

```
npm install echarts --save
```

这条命令会将 ECharts 包安装到项目中，并将其添加到 package.json 文件的依赖项中。

2. 通过 yarn 安装

如果偏好使用 yarn 作为包管理工具，可以运行以下命令安装 ECharts：

```
yarn add echarts
```

这条命令会从 jsDelivr 加载 ECharts 的压缩版脚本文件。

3. 通过源代码文件引入

将 echarts.js（或 echarts.min.js）文件引入项目即可，其中 echarts.js 为包含完整 ECharts 功能的文件。

4. 通过在线定制引入

如果只想引入部分模块以减少包体积，可以使用 ECharts 在线定制功能，该功能允许用户自由选择所需的图表和组件进行打包下载。

（1）访问 ECharts 的在线定制页面。

（2）在页面中选择所需要的图表类型、组件和样式等。

（3）完成选择后，单击【下载】按钮，即可生成一个包含选择内容的 ECharts 包 echarts.min.js。

5. 通过 CDN 引入

如果不想通过包管理工具来安装 ECharts，可以在 HTML 文件中通过 CDN 方式引入 ECharts 的脚本文件。

在 HTML 文件的<head>部分添加以下代码：

```
<script src="https://cdn.jsdelivr.net/npm/echarts@5.5.1/dist/echarts.min.js">
</script>
```

无论选择哪种安装方法，都需要在 HTML 文件中为 ECharts 准备一个具备宽度和高度的 DOM 元素作为图表的容器。在 JavaScript 代码中初始化 ECharts 实例并设置图表选项后，图表就会在这个容器中渲染出来。

1.5.3　将 apache-echarts-5.5.1-src.zip 发布为 echarts.min.js

要将 apache-echarts-5.5.1-src.zip 发布为 echarts.min.js，通常需要执行以下步骤。这些步骤涉及源代码的编译和压缩，以确保最终的 JavaScript 文件既小又高效。

（1）解压源代码

使用任意支持 ZIP 格式的压缩软件（如 WinRAR、7-Zip 或系统自带的解压工具）解压 apache-echarts-5.5.1-src.zip 文件。

（2）下载依赖项

ECharts 是一个基于 Node.js 的项目，其源代码通常依赖一些 Node.js 工具和库来进行编译和打包。因此，需要确保开发环境中已经安装了 Node.js 和 npm（Node.js 的包管理工具）。如果尚未安装，可以从 Node.js 官方网站下载并安装最新版本。

（3）进入源代码目录并安装依赖项

解压下载的压缩包后，进入源代码目录。在命令行工具中运行以下命令来安装所有必要的依赖项：

```
npm install
```

这条命令会根据 package.json 文件中列出的依赖项安装所有必要的 Node.js 库。

（4）编译和压缩源代码

ECharts 的源代码通常包含编译脚本，用于将源代码编译为可在浏览器中运行的 JavaScript 文件。运行以下命令来编译和压缩源代码：

```
npm run build
```

这条命令会执行项目中的构建脚本，通常会在 dist 目录下生成压缩后的文件，包括 echarts.min.js。

或者根据 package.json 中定义的脚本名称运行相应的命令。这个过程可能会花费一些时间，具体取决于计算机性能和源代码的复杂程度。

（5）查找编译后的文件

编译和压缩完成后，在源代码目录的某个位置（通常是 dist 目录）找到生成的 echarts.min.js 文件。这个文件是源代码的压缩版本，适合在生产环境中使用。

（6）发布 echarts.min.js

将生成的 echarts.min.js 文件发布到项目、网站、CDN 或其他希望用户访问的位置。在 HTML 文件中引用这个文件时，请确保文件路径正确，并且用户可以通过网络请求访问这个文件。

通过以上步骤，能够将 apache-echarts-5.5.1-src.zip 发布为 echarts.min.js 并用于生产环境。在构建和发布过程中，请确保遵守 ECharts 的许可证条款。

请注意，以上步骤是基于 ECharts 源代码的通用编译和发布流程。具体的步骤和命令可能因 ECharts 版本不同而有所差异。如果遇到任何问题，建议查阅 ECharts 的官方文档或寻求社区帮助。

如果只需要使用 ECharts 而不关心其源代码或构建过程，也可以直接从 CDN 加载 echarts.min.js 文件，而无须自己构建。

1.6　ECharts 支持的数据格式与数据集

在 ECharts 中，数据格式和数据集是两个关键的概念，对于图表的正确渲染和展示起着至关重要的作用。ECharts 支持的数据格式多样且灵活，而数据集则为用户提供了更高级的数据管理方式。通过结合使用这两种功能，用户可以轻松创建出各种复杂且美观的数据可视化图表。

在实际应用中，用户可以根据具体需求选择合适的数据格式和数据集来创建图表。例如，对于需要展示多个维度数据的场景，可以使用对象数组格式的数据集，并通过 dimensions 属性指定维度与数据项的顺序；然后，在图表配置中通过 series 属性指定图表类型和数据映射关系。

1.6.1　ECharts 支持的数据格式

　　ECharts 支持多种数据格式，以便灵活地处理各种类型的数据，并生成相应的可视化图表。ECharts 支持的主要数据格式如下。

　　（1）JSON 格式

　　JavaScript 对象表示法（JavaScript Object Notation，JSON）是一种轻量级的数据交换格式，易于阅读和编写。ECharts 广泛支持 JSON 格式的数据，用户可以通过 JSON 对象来配置图表的各项参数和数据。

【引导训练】

【训练 1-1】在网页文件 test0101.html 中应用 JSON 数据格式

【代码编写】

```javascript
// 设置图表的配置项和数据
var option = {
  title: {
    text: '柱状图示例'
  },
  tooltip: {},
  legend: {
    data: ['销量']
  },
  xAxis: {
    "type": "category",
    "data": ["周一", "周二", "周三", "周四", "周五"]
  },
  yAxis: {
    "type": "value"
  },
  series: [
    {
      name: '销量',
      type: 'bar',
      data: [15, 20, 36, 18, 15]
    }
  ]
};
```

【图表展示】

训练 1-1 对应的柱状图如图 1-2 所示。

柱状图示例

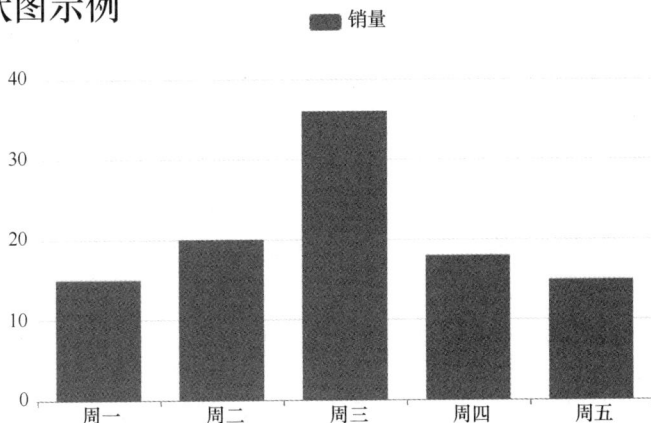

图 1-2　训练 1-1 对应的柱状图

（2）数组格式

ECharts 支持直接使用数组来表示数据。例如，可以使用一维数组来表示折线图的数据点，使用二维数组来表示柱状图的数据集等。

（3）TypedArray 格式

TypedArray 是 JavaScript 中的一种类型化数组，用于处理二进制数据。ECharts 支持 TypedArray 格式的数据，以便高效地处理大规模数据集。

（4）Key-Value 格式

在某些情况下，用户可能希望使用键值对（Key-Value）格式来表示数据。ECharts 也支持这种格式的数据，允许用户通过键（Key）来访问相应的值（Value）。

（5）对象集合与列表集合

ECharts 支持以对象集合或列表集合的形式组织数据。对象集合中的每个元素都是一个对象，包含数据的各个属性；而列表集合则是二维数组，其中每一行代表一个数据点，每一列代表一个数据属性。

（6）地图数据格式

ECharts 支持 GeoJSON 等地图数据格式，以便用户加载和展示地理空间数据。

在实际应用中，用户可以根据数据的来源和格式，选择合适的方式来配置 ECharts 图表。ECharts 提供了灵活的数据处理机制，使得用户能够轻松地将各种类型的数据转换为图表所需要的格式，并生成美观、直观的可视化效果。

请注意，以上信息可能随着 ECharts 版本的更新而发生变化。因此，建议用户在使用 ECharts 时，参考最新的官方文档和示例来获取最准确的信息。

1.6.2　ECharts 的数据集

ECharts 的数据集（dataset）主要用于管理数据，使得数据可以被多个组件复用，并且方便进行数据和其他配置的分离。

1. 数据集

（1）基本概念

数据集是 ECharts 中专门用来管理数据的组件。从 ECharts 4 开始，数据集被引入，使得数据可以单独管理，并被多个组件复用。

数据集提供了数据声明、维度管理、数据复用、数据映射、数据转换与处理以及配置分离等功能，为用户创建复杂而高效的数据可视化图表提供有力支持。

（2）核心功能

① 数据管理：数据集允许用户将数据集中声明，并通过配置项将数据映射到图表的视觉元素（如坐标轴、系列等）上。

② 数据复用：通过数据集，同一份数据可以被多个图表系列或组件共用，避免了数据的重复定义和管理。这对大数据量的场景尤为有用，可以显著提高图表的绘制效率和可维护性。

③ 配置分离：数据集使得数据和其他图表配置（如坐标轴、系列类型等）可以分开管理，这有助于简化图表的配置过程，提高配置的灵活性和可维护性。

④ 数据转换与处理：ECharts 允许用户在数据集中对数据进行筛选、排序、聚合等操作。这些功能进一步增强了数据集的实用性和灵活性。

（3）常用属性

① source：用于指定数据集的数据源，可以是二维数组或对象数组。

② dimensions：用于指定数据的维度和顺序，当指定列为维度时，每行就是一个数据项。这有助于明确数据的结构和意义，便于后续的映射和处理。

③ encode：用于指定数据如何映射到图表的视觉元素上，例如将某一列数据映射到 x 轴、y 轴或其他视觉元素上。这提供了极大的灵活性，用户可以根据需要定制图表的展示方式。

（4）使用场景

数据集适用于需要管理复杂数据结构或大数据量的场景，特别是在创建多个图表系列且这些系列需要共享同一份数据时，使用数据集可以大大简化配置工作。

在实际应用中，用户可以根据需要配置数据集来管理数据，并通过 series 等组件将数据映射到图表上，从而创建出符合需求的可视化图表。

2. 相关组件和配置项

在使用数据集时，通常会结合其他 ECharts 组件和配置项共同完成图表的创建和展示。

（1）xAxis/yAxis：直角坐标系中的 x 轴和 y 轴组件，用于定义图表的坐标轴。

（2）series：系列组件，用于定义图表中的每个系列（如折线图系列、柱状图系列等）。在使用数据集时，可以通过 series.encode 属性将数据集中的数据映射到系列的视觉元素上。

（3）grid：网格组件，用于定义直角坐标系的整体布局和大小。

（4）tooltip：提示框组件，用于在鼠标指针悬停时显示数据的详细信息。

（5）legend：图例组件，用于表示各种图表的标记和文本。

✂ 【引导训练】

【训练 1-2】在网页文件 test0102.html 中使用数据集绘制柱状图

【代码编写】

```
option = {
    dataset: {
        source: [
```

```
       ['product', '7月', '8月', '9月'],
       ['空调', 43.3, 85.8, 93.7],
       ['冰箱', 83.1, 73.4, 55.1],
       ['洗衣机', 86.4, 65.2, 82.5],
       ['电视机', 72.4, 53.9, 39.1]
    ]
  },
  xAxis: { type: 'category' },
  yAxis: {},
  series: [{
      type: 'bar',
      encode: { x: 0, y: 1 } // 将数据集中的第 1 列映射到 x 轴，第 2 列映射到 y 轴
  }, {
      type: 'bar',
      encode: { x: 0, y: 2 } // 将数据集中的第 1 列映射到 x 轴，第 3 列映射到 y 轴
  }, {
      type: 'bar',
      encode: { x: 0, y: 3 } // 将数据集中的第 1 列映射到 x 轴，第 4 列映射到 y 轴
  }]
};
```

【图表展示】

训练 1-2 对应的柱状图如图 1-3 所示。

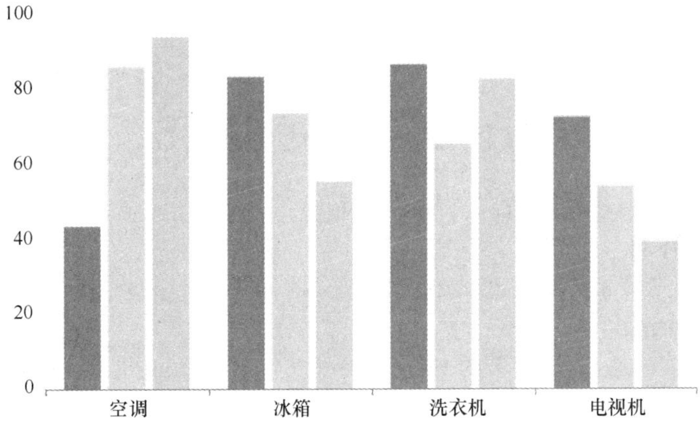

图 1-3　训练 1-2 对应的柱状图

【代码解读】

这个示例使用数据集管理不同产品在 7 月、8 月、9 月的销售数据，创建了 3 个柱状图系列，并将数据集中的数据分别映射到这 3 个系列的 x 轴和 y 轴上，从而实现了数据的复用和配置的分离。

ECharts 的数据集为用户提供了强大的数据管理能力，使得图表的创建和展示更加灵活和高效。

1.7 编辑和嵌入 ECharts 图表

Adobe Dreamweaver 为网页设计师和开发人员提供了一个直观、强大的环境来编辑和嵌入 ECharts 图表，使得在网页中实现数据可视化更加简单和高效。

本书选用 Adobe Dreamweaver 编辑和嵌入 ECharts 图表，基本操作步骤如下。

1. 编写 JavaScript 代码

在 HTML 文档的\<body>部分或单独的 JavaScript 文件中编写 JavaScript 代码，初始化 ECharts 实例，并设置图表的配置项和数据。

（1）使用 echarts.init 方法初始化图表实例，并传入图表容器的 id。

（2）定义图表的配置项和数据，包括标题、坐标轴、图例、系列等。

（3）使用 setOption 方法将配置项和数据应用到图表实例上。

2. 预览和调试

在 Dreamweaver 中预览 HTML 文档，查看 ECharts 图表的显示效果。根据需要调整图表的配置项和数据，以达到预期的视觉效果。

3. 发布和维护

完成图表的编辑后，可以将 HTML 文档上传到 Web 服务器，以便在浏览器中访问和查看。

需要注意的是，为了确保图表正确显示，需要确保图表容器的 id 在 HTML 文档中是唯一的，并且已经正确引入了 ECharts 库。此外，还需要注意 JavaScript 代码的语法和逻辑，以避免影响图表的渲染和交互效果。

1.8 使用 ECharts 进行数据可视化和数据分析

1.8.1 使用 ECharts 进行数据可视化

使用 ECharts 进行数据可视化的一般步骤如下。

1. 准备开发环境

确保开发环境中已经安装了 ECharts，如果未安装可以通过 npm、yarn 等包管理工具安装。

2. 引入 ECharts

如果是通过 npm 或 cnpm 安装的 ECharts，可以在 JavaScript 文件中通过 import 语句引入 ECharts。

如果是直接下载的源代码文件，则需要在 HTML 文件中通过\<script>标签引入 ECharts 的 JavaScript 文件。也可以通过 CDN 引入 ECharts 的脚本文件。

3. 准备 HTML 容器

创建 HTML 文件 test0103.html，在该 HTML 文件中，为 ECharts 准备一个具有宽度和高度的 DOM 元素作为图表的容器。

HTML 代码如下：

```
<div id="main" style="width: 600px;height:400px;"></div>
```

4. 初始化 ECharts 实例

在 JavaScript 文件中，通过 echarts.init 方法初始化 ECharts 实例，并将其绑定到之前准备的 DOM 元素上。

JavaScript 代码如下：

```
var myChart = echarts.init(document.getElementById('main'));
```

也可以写成以下形式：

```
var chartDom = document.getElementById('main');
var myChart = echarts.init(chartDom);
```

5. 指定图表配置项和数据

ECharts 的图表配置是通过一个名为 option 的 JavaScript 对象或 JSON 格式的数据对象来完成的。option 对象包括标题、坐标轴、数据系列等。

【示例代码 1-1】

```
var option;
option = {
    title: {
        text: '柱状图示例'
    },
    tooltip: {},
    xAxis: {
        type: 'category',
        data: ['空调', '冰箱', '洗衣机', '电视机', '电风扇', '热水器']
    },
    yAxis: {
        type: 'value'
    },
    series: [{
        name: '销量',
        type: 'bar',
        data: [150, 200, 360, 100, 180, 200]
    }]
};
```

注意：在指定配置项的时候一定要使用 var 关键字。

6. 渲染图表

通过调用 ECharts 实例的 setOption 方法，将准备好的 option 对象应用到图表上，从而渲染出图表。

【示例代码 1-2】

```
myChart.setOption(option);
```

7. 更新图表数据（可选）

如果需要更新图表数据，可以修改 option 对象中相应的数据，并再次调用 setOption 方法。ECharts 会自动根据新的数据更新图表。

8. 监听图表事件（可选）

ECharts 提供了丰富的事件机制，允许监听图表的各种交互事件（如单击、悬停等），并执行相应的逻辑。

【示例代码 1-3】

```
myChart.on('click', function (params) {
    console.log(params);
});
```

9. 使用 ECharts 的扩展和插件（可选）

ECharts 的社区提供了丰富的扩展和插件，如三维可视化扩展（ECharts GL）、地图扩展（BMap、AMap）等。可以根据需要引入这些扩展和插件，以实现更高级的数据可视化效果。

✂ 【引导训练】

【训练 1-3】在网页文件 test0103.html 中配置数据项与绘制柱状图

【代码编写】

```
<!doctype html>
<html>
<head>
    <meta charset="utf-8">
    <title>ECharts 图表示例</title>
    <!-- 引入 ECharts 文件 -->
    <script src="../ECharts/echarts.min.js"></script>
</head>
<body>
    <!-- 为 ECharts 准备一个定义了宽和高的 DOM -->
    <div id="main" style="width: 600px;height:400px;"></div>
    <script type="text/javascript">
        // 基于准备好的 DOM，初始化 ECharts 实例
        var chartDom = document.getElementById('main');
        var myChart = echarts.init(chartDom);
        var option;
        // 设置图表的配置项和数据
        option = {
        // title: 标题组件
            title: {
                text: '柱状图示例'
            },
            // tooltip: 提示框组件
            tooltip: {},
```

Web 数据可视化教程（基于 ECharts）

```
            // xAxis: 直角坐标系 grid 中的 x 轴
            xAxis: {
                type: 'category',
                data: ['空调', '冰箱', '洗衣机', '电视机', '电风扇', '热水器']
            },
            // yAxis: 直角坐标系 grid 中的 y 轴
            yAxis: {
                type: 'value'
            },
            series: [{
                name: '销量',
                // 每个系列通过 type 决定图表类型
                type: 'bar',
                // 图表数据
                data: [150, 200, 360, 100, 180, 200]
            }]
        };
        // 使用刚指定的配置项和数据显示图表
        myChart.setOption(option);
    </script>
</body>
</html>
```

【图表展示】

浏览 HTML 文件 test0103.html，训练 1-3 对应的柱状图如图 1-4 所示。

柱状图示例

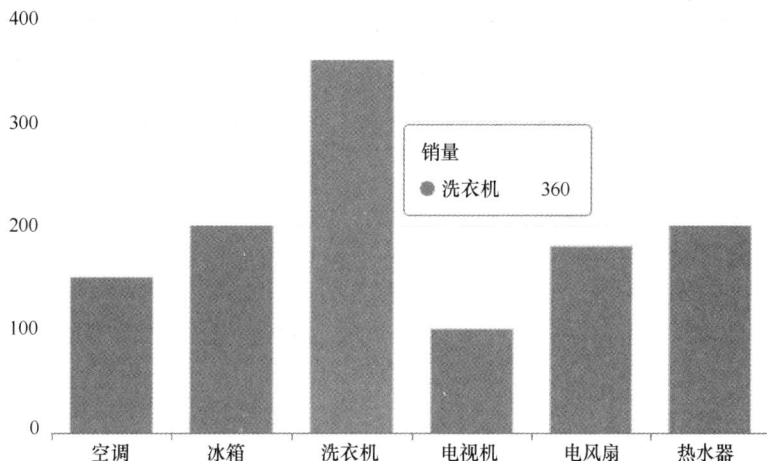

图 1-4　训练 1-3 对应的柱状图

在实际开发中，可以根据项目的需求对图表进行高度个性化的定制。同时，建议参考 ECharts 官方文档以获取更详细的信息和示例。

1.8.2　使用 ECharts 进行数据分析

使用 ECharts 进行数据分析通常涉及数据可视化操作，即将数据以图表的形式直观地展示出来，以便更好地理解和分析数据。其基本步骤如下。

1. 准备数据

收集或准备要分析的数据。这些数据可以是任何类型的，如时间序列数据、分类数据、地理数据等。确保数据的质量和准确性，因为这将直接影响数据分析的结果。

2. 选择合适的图表类型

根据数据的类型和分析目标，选择合适的 ECharts 图表类型。ECharts 提供了丰富的图表类型，如折线图、柱状图、饼图、散点图、雷达图、地图等。每种图表类型都有其特定的应用场景和优势，因此选择合适的图表类型对于数据可视化至关重要。

3. 配置图表选项

在选择了图表类型之后，需要配置图表的选项（option），包括设置图表的标题、图例、坐标轴、数据系列等。可以通过 ECharts 的 API 自定义图表的样式、布局和交互行为。

【示例代码 1-4】

```
var option = {
    title: {
        text: '示例图表'
    },
    tooltip: {},
    xAxis: {
        data: ['空调', '冰箱', '洗衣机', '电视机', '电风扇']
    },
    yAxis: {},
    series: [{
        name: '示例数据',
        type: 'bar',        // 设置为柱状图
        data: [10, 22, 28, 43, 49]
    }]
};
```

4. 初始化 ECharts 实例并渲染图表

在 HTML 文件中准备一个具备宽度和高度的 DOM 元素作为图表的容器。然后，使用 ECharts 提供的 echarts.init 方法初始化 ECharts 实例，并将配置好的 option 对象传递给实例的 setOption 方法以渲染图表。

【示例代码 1-5】

```
var myChart = echarts.init(document.getElementById('main'));
myChart.setOption(option);
```

5. 分析图表

一旦图表渲染出来，就可以开始分析数据了。通过观察图表的形状、趋势、颜色等，可以发现数据中的模式、异常值和关联关系等。此外，ECharts 还提供了丰富的交互功能，如鼠标指针悬停、缩放、拖曳等，这些功能可以帮助用户更深入地探索数据。

6. 导出和分享图表

如果需要将分析结果分享给他人，可以将图表导出为图片或 PDF 等格式。ECharts 提供了导出图片的功能，可以通过调用实例的 getDataURL 方法来获取图表的图片 URL，并将其嵌入网页或下载到本地。

7. 结合其他工具进行数据分析

ECharts 可以与其他数据分析工具结合使用，以获得更全面的分析结果。例如，可以使用 Python、R 语言等进行数据预处理和统计分析，然后使用 ECharts 可视化结果。

总之，使用 ECharts 进行数据分析需要执行数据准备、图表选择、配置、渲染和分析等多个步骤。合理利用 ECharts 的强大功能，可以将复杂的数据转化为直观、易于理解的图表，从而更好地发现数据中的价值。

✕【实战任务】

【任务 1-1】指出各个图表对应的图表类型和主要功能

【任务描述】

分析以下各个使用 ECharts 创建的图表，指出图表对应的图表类型和主要功能。

【任务实现】

（1）某家庭 12 个月用电量的柱状图

图 1-5 所示为某家庭 12 个月用电量的柱状图。通过柱状图，可以直观地比较不同类别的数据大小，帮助用户了解每个月的用电量。

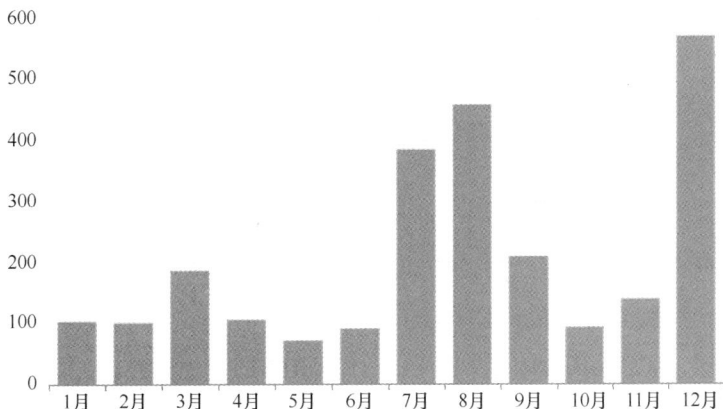

某家庭12个月用电量柱状图

图 1-5　某家庭 12 个月用电量的柱状图

（2）某家庭 12 个月用电金额的折线图

图 1-6 所示为某家庭 12 个月用电金额的折线图。通过折线图，可以清晰地展示用电金额随月份的变化趋势，帮助用户了解每个月的用电金额。

某家庭12个月用电金额折线图

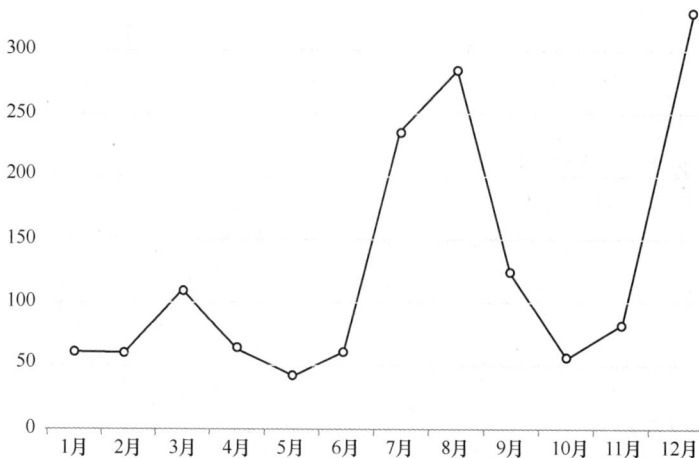

图 1-6　某家庭 12 个月用电金额的折线图

（3）某公司各类产品的利润饼图

图 1-7 所示为某公司各类产品的利润饼图。通过饼图，可以展示数据的占比，不同大小的扇形区域表示各部分在总体中所占的比例，可以帮助用户了解各类产品的利润贡献度。

某公司各类产品的利润饼图

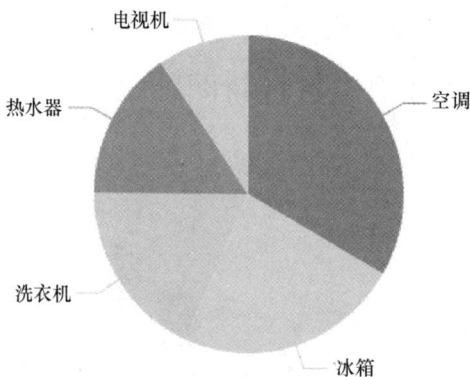

图 1-7　某公司各类产品的利润饼图

（4）某产品销售收入与广告投入的散点图

图 1-8 所示为某产品销售收入与广告投入的散点图。通过散点图，可以展示两个变量之间的关系，观察点的分布和趋势，可以了解变量之间的关联程度，帮助用户分析广告投入对销售收入的影响。

某产品销售收入与广告投入的散点图

销售收入

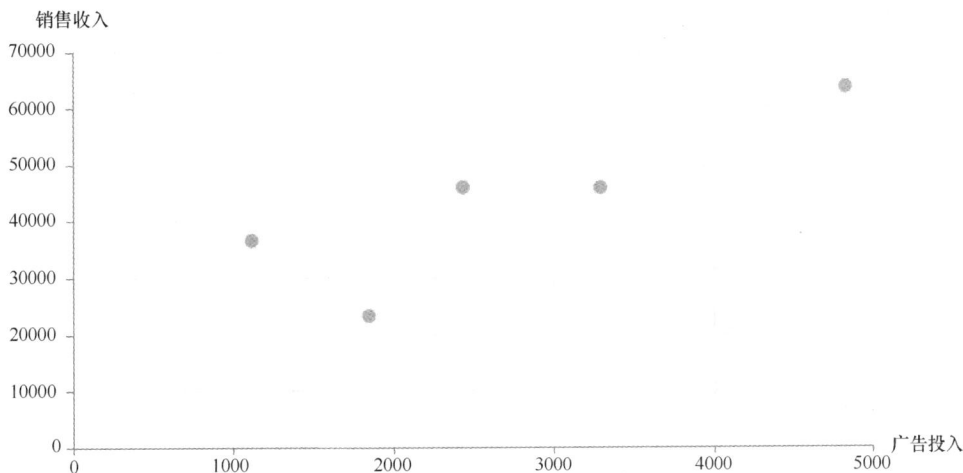

图 1-8　某产品销售收入与广告投入的散点图

（5）某网站用户访问情况的热力图

图 1-9 所示为某网站用户访问情况的热力图。热力图可以展示数据的密度和集中程度，颜色的深浅表示用户访问的频繁程度，可以反映网站的热点区域和用户行为模式。

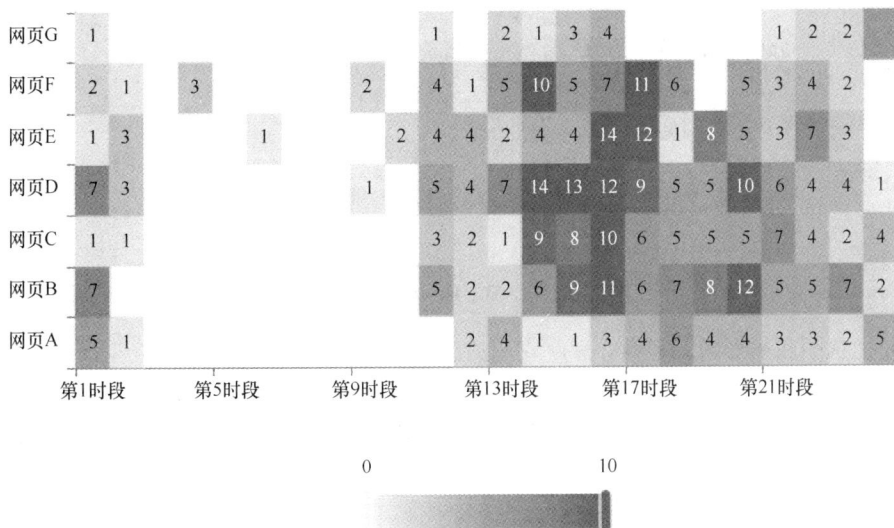

图 1-9　某网站用户访问情况的热力图

这些实例展示了 ECharts 在不同应用场景下的灵活性和强大功能。通过配置不同的图表类型和选项，用户可以创建出符合自己需求的数据可视化图表。同时，ECharts 还支持丰富的交互操作和动态更新功能，进一步提升了用户体验和数据探索的便利性。

【任务 1-2】比较柱状图和条形图

【任务描述】

图 1-10 所示为 7 月 5 种水果销售量柱状图，图 1-11 为 7 月 5 种水果销售量条形图。柱状

图和条形图在定义、用途、视觉效果以及适用场景方面都有所不同，在实际应用中，应根据具体的数据特点和展示需求来选择合适的图表类型。

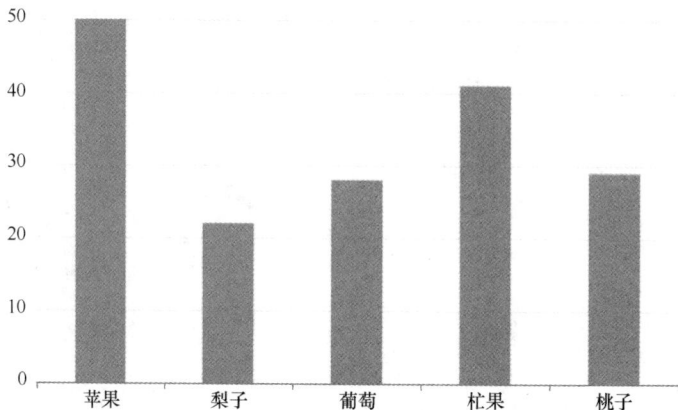

图 1-10　7月5种水果销售量柱状图

图 1-11　7月5种水果销售量条形图

比较柱状图和条形图，观察并理解它们的区别。

【任务实现】

柱状图和条形图都是数据可视化中常用的图表类型，它们之间的区别主要体现在以下几个方面。

（1）定义

柱状图：一种使用矩形条代表数据值大小的图表，通常条形的长度与数据值成正比，宽度则保持一致。

条形图：与柱状图类似，也使用矩形条来表示数据值，但不同的是，条形图的矩形条是横向放置的，即条形的宽度代表数据值，而长度（或高度）通常保持一致。不过，在实际应用中，条形图也常指矩形条水平放置的柱状图，即水平柱状图。

（2）用途

柱状图：主要用于对比不同类别的数据，如不同产品或不同时间点的销售额等。

条形图：同样用于对比不同类别的数据，但由于其矩形条水平放置，因此在某些情况下（如类别名称较长或需要节省竖直空间时）可能更为适用。

（3）视觉效果

柱状图：由于矩形条是竖直的，因此当数据值较大或类别较多时，可能会占用较多的竖直空间，导致图表显得较为拥挤。

条形图：矩形条水平放置，可以更有效地利用水平空间，使得图表在视觉上更为简洁明了。

（4）适用场景

柱状图：更适用于数据值之间差异较大的情况，因为竖直的矩形条可以更直观地展示数据值的大小。

条形图：更适用于类别名称较长或需要节省竖直空间的情况，如展示不同国家的某项指标时，使用条形图可以使国家名称更易读。

【任务1-3】比较散点图和折线图

【任务描述】

图 1-12 所示为某水果店一周内各天苹果销售量散点图，图 1-13 所示为某水果店一周内各天苹果销售量折线图。散点图和折线图在数据可视化中各有优劣，选择哪种图表类型取决于具体的数据特点、分析需求和展示目的。散点图适用于展示数据点的分布状况和变量之间的关联性，而折线图更适用于展示数据随时间或其他连续变量变化的趋势。在实际应用中，可以根据具体情况灵活运用这两种图表类型来更好地呈现数据和分析结果。

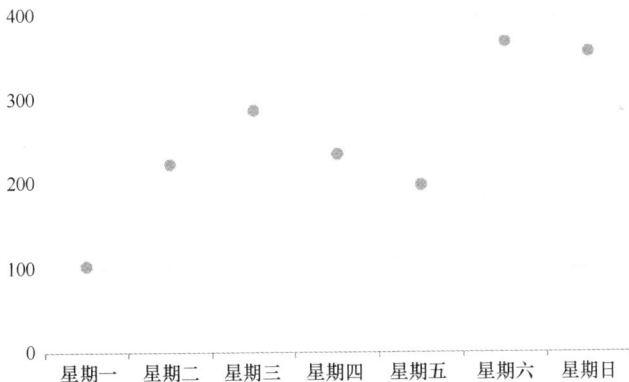

图 1-12 某水果店一周内各天苹果销售量散点图

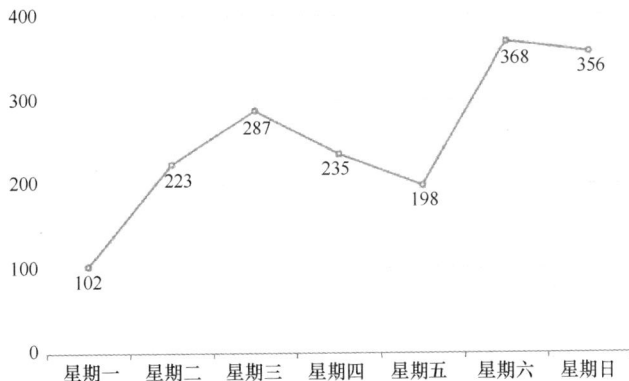

图 1-13 某水果店一周内各天苹果销售量折线图

比较散点图和折线图，观察与理解它们的区别。

【任务实现】

散点图和折线图在数据可视化中各有独特的应用和表现方式，它们的区别主要体现在以下几个方面。

1. 定义的区别

（1）散点图又称散点分布图，是在直角坐标系平面上以一个变量为横坐标、另一变量为纵坐标，利用散点（坐标点）的分布形态反映变量统计关系的一种图形。

（2）折线图是用折线将数据点连接起来，以显示数据随单位量（如单位时间）的变化，从而展示数据的趋势。

2. 用途的区别

（1）散点图通常用于显示和比较数值，如科学数据、统计数据和工程数据。散点图可以直观地表现出影响因素和预测对象之间的总体关系趋势，反映变量间关系的变化形态。

（2）折线图最适合用来展示数据随时间或其他连续变量变化的趋势，如股票价格的变化、气温的波动等。同时，折线图可以用来比较不同数据系列在同一时间范围内的变化趋势，以及通过观察数据变化趋势来预测未来的数据变化。

3. 表现方式的区别

（1）散点图的表现方式

① 数据展示：散点图通过点的大小、颜色等来展示数据，更适用于离散数据。它强调各个数据点的分布状况，可以揭示网格上所绘制的值之间的关系，还可以显示数据的趋势。

② 坐标轴：散点图有两个数值轴，水平轴（x 轴）方向显示一组数值数据，垂直轴（y 轴）方向显示另一组数值数据。

③ 特点：散点图能直观表现出影响因素和预测对象之间的总体关系趋势，能通过直观醒目的图形反映变量间关系的变化形态。但当存在大量数据点时，散点图可能会显得比较乱。

（2）折线图的表现方式

① 数据展示：折线图通过将点或数据点相连来显示数据变化，更适用于表现连续数据。它注重数据点之间的连线趋势，能够清晰地反映数据增减的速率、增减的规律（周期性、螺旋性等）以及峰值等特征。

② 坐标轴：在折线图中，类别数据沿水平轴均匀分布，数值数据沿垂直轴均匀分布。一般水平轴（x 轴）用来表示时间的推移，垂直轴（y 轴）代表不同时刻的数据的大小。

③ 特点：折线图易于显示数据的变化规律和趋势，可以用来反映股市的涨跌和统计气温等。但如果折线的条数过多，不建议将多条线绘制在一张图上。

4. 应用场景的区别

（1）散点图的应用场景和特殊应用

① 适用场景：当研究对象是连续变量（如年龄、体重等），且研究变量之间没有显著的趋势和关联性时，适合使用散点图。此外，散点图还常用于显示和比较数值，以及判断两变量之间是否存在某种关联或总结坐标点的分布模式。

② 特殊应用：线性回归散点图是一种特殊的散点图，用于可视化数据集中变量之间的线性关系。在这种图表中，如果线性回归模型对数据拟合良好，会显示出一条最佳拟合直线，有助于理解两个变量之间的趋势并预测新的数值。

（2）折线图的应用场景和特殊应用

① 适用场景：当研究对象是时间、频率或其他连续变量，且研究变量之间存在明显的关联性或趋势时，适合使用折线图。折线图常用于经济数据分析、股市行情分析、气象数据展示、科学研究、销售业绩分析、健康数据监测、网络流量分析等领域。

② 特殊应用：堆积折线图和百分比堆积折线图用于显示每一数值所占大小或百分比随时间或有序类别变化的趋势；三维折线图则将每一行或列的数据显示为三维标记，具有可修改的水平轴、垂直轴和深度轴。

模块

熟知ECharts的图表结构
与基本组件

02

ECharts 以其直观、生动、可交互和可定制的特点，在数据可视化领域占据了重要的地位。无论是在商业应用、数据分析还是数据展示方面，ECharts 都提供了丰富的功能和灵活的配置选项来满足不同用户的需求。

2.1　定义图表容器及指定图表大小

echarts.init 是初始化 ECharts 的接口，本节主要介绍如何使用 echarts.init 接口初始化图表以及改变图表的大小。

2.1.1　初始化图表

1. 在 HTML 文件中定义有宽度和高度的父容器（推荐）

通常来说，需要在 HTML 文件中定义一个<div>节点，并且通过 CSS 为该节点指定宽度和高度。初始化的时候传入该节点，图表的大小默认为该节点的大小，除非声明了 opts.width 或 opts.height。

【示例代码 2-1】

```
<div id="main" style="width:600px;height:400px;"></div>
<script type="text/javascript">
  var myChart = echarts.init(document.getElementById('main'));
</script>
```

需要注意的是，使用这种方法调用 echarts.init 时，需保证容器具备宽度和高度。

2. 指定图表的大小

如果图表容器不存在宽度和高度，或者希望图表的大小不等于容器的大小，也可以在初始化的时候指定图表的大小。

【示例代码 2-2】

```
<div id="main"></div>
<script type="text/javascript">
  var myChart = echarts.init(document.getElementById('main'), null, {
    width: 600,
```

```
  height: 400
  });
</script>
```

2.1.2 图表大小和实例管理

1. 监听图表容器的大小并改变图表的大小

在有些场景下，当容器大小改变时，需要图表的大小也相应地改变。例如，图表容器是一个高度为 400px、宽度为页面宽度的 100%的节点，在浏览器页面宽度改变时，需要保持图表宽度始终是页面宽度的 100%。

为此，可以监听页面的 resize 事件，以便在浏览器页面大小改变时，调用 echartsInstance.resize 改变图表的大小。

【示例代码 2-3】

```
<style>
  #main,
  html,
  body {
    width: 100%;
  }
  #main {
    height: 400px;
  }
</style>
<div id="main"></div>
<script type="text/javascript">
  var myChart = echarts.init(document.getElementById('main'));
  window.addEventListener('resize', function() {
    myChart.resize();
  });
</script>
```

提示：有时候容器大小可能是通过 JavaScript 或 CSS 调整的，由于页面大小并未发生改变，因此 resize 事件不会被触发。在这种情况下，可以借助浏览器的 ResizeObserver API 来实现更细粒度的监听。

2. 为图表设置特定的大小

除了直接调用不含参数的 resize 方法自动改变图表的大小，还可以在 resize 方法中指定图表的宽度和高度，实现图表大小不等于容器大小的效果。

【示例代码 2-4】

```
myChart.resize({
  width: 800,
  height: 400
});
```

提示：阅读 API 文档的时候要留意接口的定义方式，有时开发者会用 myCharts.resize(800, 400)的形式调用对应接口，但其实不存在这样的调用方式。

3. 销毁和重建图表实例

假设页面中存在多个标签页，每个标签页都包含一些图表。当选中一个标签页的时候，其他标签页的内容在 DOM 中被移除。这样，当用户再选中这些标签页的时候，就会发现图表"不见"了。

本质上，这是图表的容器节点被移除导致的。即使之后重新添加容器节点，图表所在的节点也已经不存在了。

正确的做法是，在图表容器被销毁之后，调用 echartsInstance.dispose 销毁图表实例，在重新添加图表容器后，再次调用 echarts.init 初始化图表实例。

提示：在容器节点被销毁时，应调用 echartsInstance.dispose 销毁图表实例以释放资源，避免内存泄漏。

2.2　认知与使用 ECharts 的坐标系

在 ECharts 中，坐标系是图表绘制的基础，它决定了数据如何在图表上展示。ECharts 提供了多种类型的坐标系以满足不同的数据可视化需求，用户可以根据实际情况选择合适的坐标系类型并进行相应的配置，以实现最佳的可视化效果。

2.2.1　认知直角坐标系

1. 基本概念

直角坐标系（grid）是 ECharts 中常用的坐标系，它包含 x 轴和 y 轴，通常用于绘制柱状图、折线图、散点图（气泡图）等。

2. x 轴和 y 轴

x 轴和 y 轴都由轴线、刻度、刻度标签、轴标题这 4 个部分组成。普通的二维坐标系都有 x 轴和 y 轴，通常情况下，x 轴显示在图表的底部，y 轴显示在图表的左侧。x 轴常用来标示数据的维度，y 轴常用来标示数据的数值。

3. 属性配置

在 ECharts 中，可以通过配置项自定义 x 轴和 y 轴的属性，如坐标轴标题、轴线样式、刻度样式、标签样式等。例如，可以设置坐标轴标题的位置、字体样式、颜色等，可以设置轴线的颜色、宽度、类型（实线、虚线等），可以设置刻度的显示间隔、长度、样式等，还可以设置标签的显示间隔、旋转角度、字体样式等。

4. 多轴配置

在 ECharts 直角坐标系内，单个 grid 组件最多只能放两个 x 轴或 y 轴，x 轴或 y 轴多于两个时，需要对 offset 属性进行配置，以防止同一位置多个轴发生重叠。配置两个 x 轴时，它们分别显示在上、下两侧；配置两个 y 轴时，它们分别显示在左、右两侧。

5. 直角坐标系的主要属性及其设置

直角坐标系的主要属性及其设置如下。

（1）grid.id

string 类型，用于设置组件 id，唯一标识一个直角坐标系。默认不指定，指定后可用于在

option 或者 API 中引用组件。

（2）grid.show

boolean 类型，用于设置是否显示直角坐标系网格。

（3）grid.zlevel

number 类型，用于设置所有图形的 zlevel 值，zlevel 用于 Canvas 分层（一种常见的优化手段），不同 zlevel 值的图形会放置在不同的 Canvas 中。用户可以给一些图形变化频繁（如有动画）的组件设置单独的 zlevel 值。需要注意的是，过多的 Canvas 会增加内存开销，在手机端上需要谨慎使用。

zlevel 值大的 Canvas 会放在 zlevel 值小的 Canvas 的上面。

（4）grid.z

number 类型，用于设置组件所有图形的 z 值。z 值可以控制图形的前后顺序，z 值小的图形会被 z 值大的图形覆盖。

相比 zlevel 值，z 值的优先级更低，而且不会创建新的 Canvas。

（5）grid.left

string 或 number 类型，用于设置 grid 组件与容器左侧之间的距离。

left 的值可以是像 20 这样的具体像素值，也可以是像'20%'这样相对于容器宽度的百分比，还可以是'left'、'center'、'right'。如果 left 的值为'left'、'center'、'right'，组件会根据相应的位置自动对齐。

（6）grid.top

string 或 number 类型，用于设置 grid 组件与容器顶部之间的距离。top 的值可以是像 20 这样的具体像素值，也可以是像'20%'这样相对于容器高度的百分比，还可以是'top'、'middle'、'bottom'。如果 top 的值为'top'、'middle'、'bottom'，组件会根据相应的位置自动对齐。

（7）grid.right

string 或 number 类型，用于设置 grid 组件与容器右侧之间的距离。

right 的值可以是像 20 这样的具体像素值，也可以是像'20%'这样相对于容器宽度的百分比。

（8）grid.bottom

string 或 number 类型，用于设置 grid 组件与容器底部之间的距离。

bottom 的值可以是像 20 这样的具体像素值，也可以是像'20%'这样相对于容器高度的百分比。

（9）grid.width

string 或 number 类型，用于设置 grid 组件的宽度，默认为自适应（'auto'）。

（10）grid.height

string 或 number 类型，用于设置 grid 组件的高度，默认为自适应（'auto'）。

（11）grid.containLabel

boolean 类型，用于设置 grid 区域是否包含坐标轴的刻度标签。

（12）grid.backgroundColor

Color 类型，用于设置网格背景色，默认为透明（'transparent'）。颜色可以使用 RGB 表示，如'rgb(128, 128, 128)'；如果想要加上 alpha 通道，可以使用 RGBA，如'rgba(128, 128, 128, 0.5)'。也可以使用十六进制格式表示颜色，如'#ccc'。

注意：此配置项生效的前提是设置了 show: true。

（13）grid.borderColor

Color 类型，用于设置网格的边框颜色，支持的颜色格式同 backgroundColor。

注意：此配置项生效的前提是设置了 show: true。

（14）grid.borderWidth

number 类型，用于设置网格的边框线宽。

注意：此配置项生效的前提是设置了 show: true。

（15）grid.shadowBlur

number 类型，用于设置图形阴影的模糊大小，该属性常与 shadowColor、shadowOffsetX、shadowOffsetY 配合使用，共同控制图形的阴影效果。

【示例代码 2-5】

```
grid:{
    shadowColor: 'rgba(0, 0, 0, 0.5)',
    shadowBlur: 10
}
```

注意：此配置项生效的前提是设置了 show: true 以及值不为'transparent'的 backgroundColor。

（16）grid.shadowColor

Color 类型，用于设置阴影颜色，支持的颜色格式同 grid.backgroundColor。

注意：此配置项生效的前提是设置了 show: true。

（17）grid.shadowOffsetX

number 类型，用于设置阴影水平方向上的偏移距离。

注意：此配置项生效的前提是设置了 show: true。

（18）grid.shadowOffsetY

number 类型，用于设置阴影垂直方向上的偏移距离。

注意：此配置项生效的前提是设置了 show: true。

（19）grid.tooltip

Object 类型，为本坐标系设置专属的提示框配置。

2.2.2　认知极坐标系

ECharts 的极坐标系（Polar）是一种使用极角和极径描述二维平面上点的坐标系，每个极坐标系拥有一个角度轴和一个半径轴。极坐标系可用于绘制散点图和折线图等。

1. 极角与极径

在极坐标系中，每个点的位置由极角和极径两个值确定。极角表示点与某个参考方向（通常是 x 轴正方向）之间的夹角，通常以弧度表示；极径表示点到坐标原点的距离。

2. 应用场景

极坐标系常用于表示圆形、周期性和径向的数据。它特别适用于展示数据的循环性和周期性关系，以及数据点在一个圆形或极坐标网格上的分布情况。

3. 极坐标系的主要属性及其设置

极坐标系的主要属性及其设置如下。

（1）polar.id

string 类型，用于设置组件 id，唯一标识一个极坐标系。默认不指定，指定后可用于在 option 或者 API 中引用组件。

（2）polar.zlevel

number 类型，用于设置所有图形的 zlevel 值。

（3）polar.z

number 类型，用于设置组件所有图形的 z 值。

（4）polar.center

Array 类型，极坐标系的中心（圆心）坐标，数组的第一项是横坐标，第二项是纵坐标。支持设置成百分比，设置成百分比时，第一项是相对于容器宽度的百分比，第二项是相对于容器高度的百分比。

【示例代码 2-6】

```
// 设置成具体的像素值
center: [400, 300]
// 设置成百分比
center: ['50%', '50%']
```

（5）polar.radius

polar.radius 用于设置极坐标系的半径，值可以为如下类型。

① number：直接指定外半径值。

② string：如'20%'表示外半径为可视区尺寸（容器高度和宽度中较小的一项）的 20%。

③ Array：数组的第一项是内半径，第二项是外半径。

（6）polar.tooltipObject

polar.tooltip 为相应坐标系特定的提示框设定，值为 Object 类型。

2.2.3　认知地理坐标系

1. 基本概念

地理坐标系（geo）是 ECharts 中用于展示地图数据的坐标系。它将现实世界的地理平面映射为二维平面，通过经纬度系统实现坐标定位，可以展示地理分布、地域热力、行政区划等数据。

2. 地图数据

ECharts 提供了一些常用的地图数据，如全国各省市的边界、世界各个国家的边界等，用户也可以根据需要自定义地图数据。

3. 属性配置

地理坐标系通过 geo 属性进行配置，可以设置地图类型、是否开启鼠标缩放和平移漫游、视角中心点、地图长宽比、缩放比例等属性。例如，可以设置 geo.map 属性来指定地图类型，设置 geo.roam 属性来开启或关闭鼠标缩放和平移漫游功能。

4. 数据展示

在地理坐标系上，可以使用散点图、热力图、线图等图表来展示地图数据。数据通常通过 series 属性进行配置，数据格式一般为对象数组，每个对象包含地名和对应的值。

2.2.4 认知平行坐标系

1. 基本概念

平行坐标系是 ECharts 中用于可视化高维数据的坐标系。它可以同时展示多个变量之间的关系，并且可以通过调整轴的顺序和缩放来探索不同的数据视角。

2. 坐标轴配置

在平行坐标系中，每个变量都对应一个坐标轴。这些坐标轴是平行的，并且可以通过线条将不同轴上的数据点连接起来。用户可以通过配置 parallelAxis 属性自定义坐标轴的属性，如坐标轴标题、轴线样式、刻度样式等。

3. 数据展示

在平行坐标系中，数据通过线条的形式展示。每条线代表一个数据点，线条上的不同位置对应不同的变量值。用户可以通过观察线条的形状和走向来分析数据点之间的关系和趋势。

2.2.5 认知单轴

单轴（SingleAxis）可以应用到散点图中，展现一维数据。

2.2.6 认知日历坐标系

ECharts 是通过日历坐标系（Calendar）来实现日历图效果的，可以在热力图、散点图、关系图中使用日历坐标系。

2.3 认知 ECharts 图表组件及常用术语

ECharts 图表组件及常用术语如下。

1. 标题

标题（title）指图表的标题。

标题组件包含主标题和副标题。在 ECharts 2.x 中，单个 ECharts 实例最多只能拥有一个标题组件。但是在 ECharts 3 及之后的版本中，单个 ECharts 实例可以拥有任意多个标题组件，这在需要对标题进行排版，或者单个实例中的多个图表都需要标题时会比较有用。

扫描二维码，浏览电子活页 2-1 中的内容，熟悉标题组件的属性及设置。

2. 图例

图例（legend）指图表的图例。

图例组件展现了不同系列的标记（symbol）、颜色和名称。可以通过单击图例控制哪些系列不显示。

ECharts 5.x 中单个 ECharts 实例可以拥有多个图例组件，便于布局多个图例。当图例数量过多时，可以使用垂直滚动图例或水平滚动图例的形式。

扫描二维码，浏览电子活页 2-2 中的内容，熟悉图例组件的属性及设置。

电子活页 2-1

电子活页 2-2

3. 提示框

提示框标签（tooltip.axisPointer.label）是指提示框坐标轴指示器的文字。提示框坐标轴指示器的样式包括线条样式（tooltip.axisPointer.lineStyle）和十字线样式（tooltip.axisPointer.crossStyle）。

提示框组件可以在以下多个位置设置。

① 可以在全局范围内设置，即 tooltip。

② 可以在坐标系中设置，即 grid.tooltip、polar.tooltip、single.tooltip。

③ 可以在系列中设置，即 series.tooltip。

④ 可以在系列的每个数据项中设置，即 series.data.tooltip。

扫描二维码，浏览电子活页 2-3 中的内容，熟悉提示框组件的属性及设置。

电子活页 2-3

4. 坐标轴

（1）x 轴

直角坐标系中的 x 轴由 x 轴线（xAxis.axisLine）、x 轴刻度（xAxis.axisTick）、x 轴刻度标签（xAxis.axisLabel）、x 轴标题（xAxis.name）四个部分组成。

一般情况下，单个 grid 组件最多只能放上、下两个 x 轴。x 轴多于两个时，需要对 offset 属性进行配置，以防止多个 x 轴重叠。

扫描二维码，浏览电子活页 2-4 中的内容，熟悉直角坐标系中 x 轴（xAxis）的属性及设置。

电子活页 2-4

（2）y 轴

直角坐标系中的 y 轴（yAxis）由 y 轴线（yAxis.axisLine）、y 轴刻度（yAxis.axisTick）、y 轴刻度标签（yAxis.axisLabel）、y 轴标题（yAxis.name）四个部分组成。

扫描二维码，浏览电子活页 2-5 中的内容，熟悉直角坐标系中 y 轴（yAxis）的属性及设置。

电子活页 2-5

直角坐标系中的第二个 y 轴默认显示在右边，y 轴可以通过 nameLocation 改变位置。

一般情况下，单个 grid 组件最多只能放左、右两个 y 轴。y 轴多于两个时需要对 offset 属性进行配置，以防多个 y 轴重叠。

（3）坐标轴分割线

除坐标轴分割线（yAxis.splitLine）之外，还可以使用 splitArea 设置背景色分割。

5. 系列的图形样式

系列的图形样式（series.itemStyle）对不同类型的图表有不同的意义。对折线图而言，这个配置项用于设置拐点处图形的样式；对柱状图而言，这个配置项用于设置矩形条的样式。该配置项是对整个系列的图形做设置，如果要对其中的某一个特定数据点做设置，应使用 series.data.itemStyle。

6. 工具栏

工具栏（toolbox）用于提供操作图表的工具，可以自定义。

工具栏组件如图 2-1 所示，其内置数据区域缩放、数据区域缩放还原、数据视图、图表类型切换、重置、保存为图片等工具。

图 2-1 工具栏组件

扫描二维码，浏览电子活页 2-6 中的内容，熟悉工具栏组件的属性及设置。

电子活页 2-6

7. 时间轴

时间轴（timeline）组件用于实现多个图表配置项（option）的切换，能够让图表随着时间推移自动播放，也允许用户手动切换，实现类似幻灯片的效果。通过 timeline 组件，可以动态展示数据的变化过程。

timeline 和其他组件有些不同，它需要操作多个 option，把传入 setOption 的第 1 个参数称为 ECOption，称传统的 ECharts 单个 option 为 ECUnitOption。没有设置 timeline 和 media.query 时，ECUnitOption 就是 ECOption。设置了 timeline 或 media.query 时，ECOption 由几个 ECUnitOption 组成；ECOption 的各个根属性形成一个 ECUnitOption，叫作 baseOption，它代表各种默认设置；options 数组每项形成一个 ECUnitOption，为了方便也称之为 switchableOption，它代表每个时间粒度对应的 option。baseOption 和 switchableOption 用来计算 finalOption，图表就是根据这个最终结果绘制的。

【示例代码 2-7】

```javascript
// baseOption 是一个"原子 option"
// options 数组中的每一项也是一个"原子 option"每个"原子 option"中包含各种配置项
myChart.setOption({
    // baseOption 的属性
    timeline: {
        // 此处省略部分代码,
        // timeline.data 中的每一项对应 options 数组中的每个 option
        data: ['2022-01-01', '2023-01-01', '2024-01-01']
    },
    grid: {
    // 此处省略部分代码
    },
    xAxis: [
    // 此处省略部分代码
    ],
    yAxis: [
    // 此处省略部分代码
    ],
    series: [{
        // 系列一的一些其他配置
        type: 'bar',
        // 此处省略部分代码
    }, {
        // 系列二的一些其他配置
        type: 'line',
        // 此处省略部分代码
    }, {
```

```
        // 系列三的一些其他配置
        type: 'pie',
        // 此处省略部分代码
    }],
    // switchableOption 的属性
    options: [{
        // 这是'2022-01-01' 对应的 option
        title: {
            text: '2022 年统计值'
        },
        series: [
            { data: [] },    // 系列一的数据
            { data: [] },    // 系列二的数据
            { data: [] }     // 系列三的数据
        ]
    }, {
        // 这是'2023-01-01' 对应的 option
        title: {
            text: '2023 年统计值'
        },
        series: [
            { data: [] },
            { data: [] },
            { data: [] }
        ]
    }, {
        // 这是'2024-01-01' 对应的 option
        title: {
            text: '2024 年统计值'
        },
        series: [
            { data: [] },
            { data: [] },
            { data: [] }
        ]
    }]
});
```

初始化的时候，对应当前时间的 switchableOption 会被合并（merge）到 baseOption，形成 finalOption。每当时间变化时，对应新时间的 switchableOption 会被合并到 finalOption。

扫描二维码，浏览电子活页 2-7 中的内容，熟悉时间轴组件的主要属性及其设置。

8. 数据区域缩放

数据区域缩放（dataZoom）用来放大一部分数据，从而突出数据信息的细节，帮助概览数据整体，或者去除离群点的影响。

扫描二维码，浏览电子活页 2-8 中的内容，熟悉数据区域缩放组件的属性及设置。

9. 刷选

刷选（Brush）是区域选择组件，用户可以利用它选择图中一部分数据，从而查看被选中的数据，或者它们的一些统计结果。

扫描二维码，浏览电子活页 2-9 中的内容，熟悉刷选组件的属性及设置。

10. 视觉映射

视觉映射（visualMap）可以将数据值映射为图形的形状、大小、颜色等。

visualMap 组件用于进行"视觉编码"，也就是将数据映射到视觉元素（视觉通道）。visualMap 组件中可以使用的视觉元素如下。

（1）symbol：图形类别。

（2）symbolSize：图形大小。

（3）opacity：透明度。

（4）color：颜色。

（5）colorAlpha：颜色的透明度。

（6）colorLightness：颜色的明暗度。

（7）colorSaturation：颜色的饱和度。

（8）colorHue：颜色的色调。

visualMap 组件可以定义多个，从而同时对数据中的多个维度进行视觉映射。visualMap 组件分为分段型（visualMapPiecewise）和连续型（visualMapContinuous），通过 type 来区分。

【示例代码 2-8】

```
option = {
    visualMap: [
        {     // 第 1 个 visualMap 组件
            type: 'continuous',     // 定义为连续型 visualMap
            // 此处省略部分代码
        },
        {     // 第 2 个 visualMap 组件
            type: 'piecewise',     // 定义为分段型 visualMap
            // 此处省略部分代码
        }
    ],
    // 此处省略部分代码
};
```

11. 标注、标线、标域

ECharts 使用 markPoint 设置标记点，使用 markLine 设置标记线，使用 markArea 设置标记区域。

（1）图表标注（series-line.markPoint）

markPoint 用于设置图表标注。

扫描二维码，浏览电子活页 2-10 中的内容，熟悉图表标注的主要属性及其设置。

（2）图表标线（series-line.markLine）

markLine 用于设置图表标线。

扫描二维码，浏览电子活页 2-11 中的内容，熟悉图表标线的主要属性及其设置。

（3）图表标域（series-line.markArea）

markArea 用于设置图表标域，常用于标记图表中某个范围的数据，如标出某段时间投放了广告。

扫描二维码，浏览电子活页 2-12 中的内容，熟悉图表标域的主要属性及其设置。

12. 绘制图形元素

绘制图形元素（graphic）组件支持多种类型的图形元素，包括 image、text、circle、sector、ring、polygon、polyline、rect、line、bezierCurve、arc、group 等。

【示例代码 2-9】

```
option = {
    // color: 调色盘颜色列表
    color: ['pink', 'blue', 'green', 'skyblue', 'red'],
    // title: 标题组件
    title: {
        text: '折线图示例'
    },
    // tooltip: 提示框组件
    tooltip: {
        trigger: 'axis'
    },
    // legend: 图例组件
    legend: {
        data: ['无促销活动','品牌联合促销', '节假日促销', '门店特别促销' ]
    },
    // grid: 直角坐标系内绘图网格
    grid: {
        left: '3%',
        right: '3%',
```

```
        bottom: '3%',
        // 如果 left、right 等设置为 0%，刻度标签就溢出了
        // 当刻度标签溢出的时候，containLabel 决定 grid 区域是否显示这些刻度标签
        // 如果为 true，则显示刻度标签
        containLabel: true
    },
    toolbox: {
        feature: {
            saveAsImage: {}
        }
    },
    // xAxis: 直角坐标系中的 x 轴
    xAxis: {
        type: 'category',
        // 坐标轴两边不留白，标签和数据点与刻度线对齐
        boundaryGap: false,
        data: ['星期一', '星期二', '星期三', '星期四', '星期五', '星期六', '星期日']
    },
    // yAxis: 直角坐标系中的 y 轴
    yAxis: {
        type: 'value'
    },
    // 数据系列
    series: [
        {
            name: '无促销活动',
            // 图表类型是折线图
            type: 'line',
            data: [120, 132, 101, 134, 90, 230, 210]
        },
        {
            name: '品牌联合促销',
            type: 'line',

            data: [220, 182, 191, 234, 290, 330, 310]
        },
        {
            name: '节假日促销',
            type: 'line',
```

```
            data: [150, 232, 201, 154, 190, 330, 410]
        },
        {

            name: '门店特别促销',
            type: 'line',
            data: [320, 332, 301, 334, 390, 330, 320]
        }
    ]
};
```

ECharts 图表组件如图 2-2 所示。

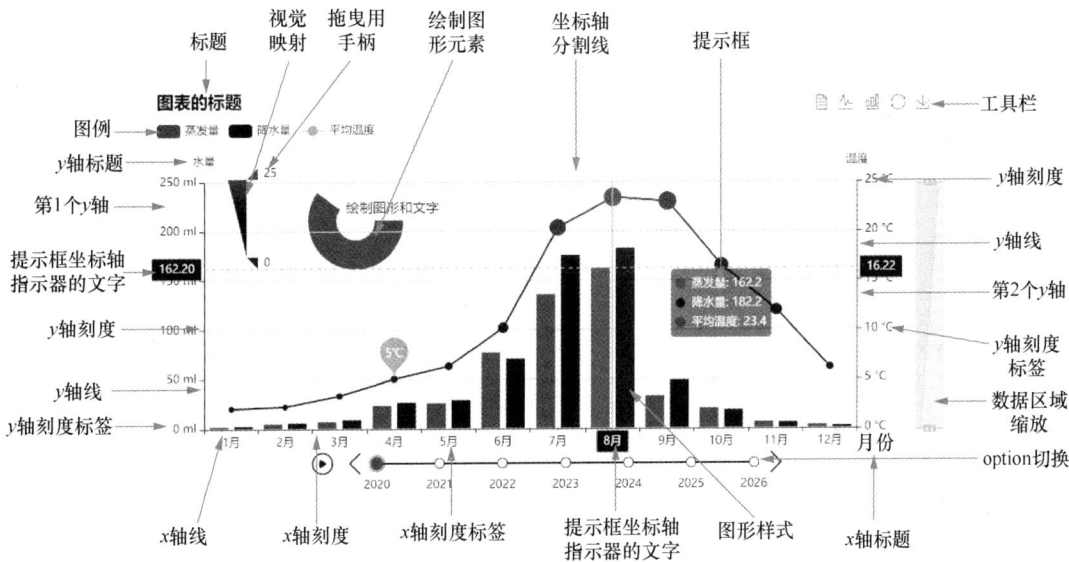

图 2-2　ECharts 图表组件

2.4　设置 ECharts 图表的样式

本节介绍以下几种设置样式的方式，它们的功能范畴可能会有交叉（同一种样式可以用不同的方式实现），但是它们各有适用场景。

（1）颜色主题。

（2）调色盘。

（3）直接设置样式。

（4）通过 emphasis 属性定制。

（5）视觉映射。

2.4.1　设置颜色主题

最简单的更改全局样式的方式是直接采用颜色主题（theme）。ECharts 5.x 除了默认主题，还内置了'dark'主题，可以直接进行切换：

```
var chart = echarts.init(dom, 'dark');
```

其他没有内置在 ECharts 中的主题，需要用户自行加载。这些主题可以在主题编辑器里获取，也可以使用主题编辑器自行编辑主题。下载下来的主题的使用方式如下。

【示例代码 2-10】

如果主题保存为 JSON 文件，则需要自行加载和注册：

```
// 假设主题名称是 vintage
fetch('theme/vintage.json')
  .then(r => r.json())
  .then(theme => {
    echarts.registerTheme('vintage', theme);
    var chart = echarts.init(dom, 'vintage');
  })
```

如果保存为 UMD 格式的 JavaScript 文件，文件内部已经做了自注册，直接引入 JavaScript 文件即可：

```
// 在 HTML 文件中引入 vintage.js 文件（假设主题名称是 vintage）
var chart = echarts.init(dom, 'vintage');
```

2.4.2　设置调色盘

可以在 option 中设置调色盘，它给定了一组颜色，图形、系列会自动从中选择颜色。可以设置全局的调色盘，也可以设置系列专属的调色盘。

【示例代码 2-11】

```
option = {
  // 全局调色盘
  color: [
    '#c23531', '#2f4554', '#61a0a8', '#d48265', '#91c7ae', '#749f83',
    '#ca8622', '#bda29a', '#6e7074', '#546570', '#c4ccd3'
  ],

  series: [
    {
      type: 'bar',
      // 此系列专属的调色盘
      color: [
        '#dd6b66', '#759aa0', '#e69d87', '#8dc1a9', '#ea7e53', '#eedd78',
        '#73a373', '#73b9bc', '#7289ab', '#91ca8c', '#f49f42'
      ]
      // 此处省略部分代码
    },
    {
```

```
      type: 'pie',
      // 此系列专属的调色盘
      color: [
        '#37A2DA', '#32C5E9', '#67E0E3', '#9FE6B8', '#FFDB5C', '#ff9f7f',
        '#fb7293', '#E062AE', '#E690D1', '#e7bcf3', '#9d96f5', '#8378EA',
        '#96BFFF'
      ]
      // 此处省略部分代码
    }
  ]
};
```

2.4.3　直接设置图形元素的样式

在 ECharts 中，直接设置样式是一种常见且直接的配置方式，用于定制图表外观细节。用户通过在 option 对象中设置相关属性，可以轻松调整图形元素的颜色、线条宽度、点的大小、标签的文字及其样式等。通常情况下，ECharts 的各种图表类型和组件遵循一致的命名习惯来应用这些样式配置。这种统一性不仅提高了 ECharts 使用的便捷性，也增强了代码的可读性和易维护性。

2.4.4　通过 emphasis 属性定制高亮的样式

鼠标指针悬停在图形元素上时，一般会出现高亮的样式。默认情况下，高亮的样式是根据普通样式自动生成的，但也可以通过 emphasis 属性来定制。emphasis 的结构和普通样式的结构相同。

【示例代码 2-12】

```
option = {
  series: {
    type: 'scatter',
    // 普通样式
    itemStyle: {
      // 点的颜色
      color: 'red'
    },
    label: {
      show: true,
      // 标签的文字
      formatter: '这是一个普通标签。'
    },
    // 高亮样式
```

```
    emphasis: {
      itemStyle: {
        // 高亮时点的颜色
        color: 'blue'
      },
      label: {
        show: true,
        // 高亮时标签的文字
        formatter: '这是一个高亮标签。'
      }
    }
  }
};
```

注意，在 ECharts 4 之前，高亮样式和普通样式的写法是这样的：

```
option = {
  series: {
    type: 'scatter',
    itemStyle: {
      // 普通样式
      normal: {
        // 点的颜色
        color: 'red'
      },
      // 高亮样式
      emphasis: {
        // 高亮时点的颜色
        color: 'blue'
      }
    },
    label: {
      // 普通样式
      normal: {
        show: true,
        // 标签的文字
        formatter: '这是一个普通标签。'
      },
      // 高亮样式
      emphasis: {
        show: true,
```

```
          // 高亮时标签的文字
          formatter: '这是一个高亮标签。'
        }
      }
    }
};
```

ECharts 5.x 仍然兼容这种写法，但是不推荐使用。多数情况下，开发者只需配置普通样式，而高亮样式使用默认的即可。

2.4.5　数据的视觉映射

数据可视化是数据到视觉元素的映射过程，这个过程也可称为视觉编码，视觉元素也可称为视觉通道。

ECharts 的每种图表都内置了这种映射过程，如折线图把数据映射到"线"，柱状图把数据映射到"长度"。一些更复杂的图表（如关系图、事件河流图、树图）也都会进行各自内置的映射。

1. 数据和维度

ECharts 中的数据一般存放于 series.data 中。图表类型不同，数据的具体形式可能有些许差异，但它们都是数据项（dataItem）的集合。每个数据项含有数据值（value）和其他信息（如果需要的话）。每个数据值可以是单一的数值（一维）或者一个数组（多维）。

例如，series.data 最常见的形式是"线性表"，即一个普通数组。

【示例代码 2-13】

```
series: {
  data: [
    {
      // 数据项
      value: 3.4,   // 数据项的数据值
      itemStyle: {}
    },
    4.2,      // 也可以直接写出数据值，这更常见
    10.8,     // 每个数据值都是一维的
    7.2,
  ];
}
series: {
  data: [
    {
      // 数据项
      value: [3.4, 4.5, 15],   // 数据项的数据值
      itemStyle: {}
```

```
    },
    [4.2, 2.3, 20],    // 也可以直接写出数据值，这更常见
    [10.8, 9.5, 30],   // 每个数据值都是三维的，每列是一个维度
    [7.2, 8.8, 18]     // 假如是气泡图，通常第 1 个维度映射到 x 轴，第 2 个维度映射到 y 轴，
第 3 个维度映射到气泡半径（symbolSize）
    ];
  }
```

在图表中，往往默认对 value 的前一两个维度进行映射，如将第 1 个维度映射到 x 轴，将第 2 个维度映射到 y 轴。如果要把更多的维度展现出来，可以借助 visualMap。常见的情况是，散点图使用半径展现第 3 个维度。

2. 连续型与分段型视觉映射组件

ECharts 的视觉映射组件分为连续型与分段型。连续型的意思是进行视觉映射的数据维度是连续的数值，分段型则指数据被分成了多段或者是离散型的数据。

（1）连续型视觉映射组件

连续型视觉映射组件通过指定最大值、最小值，就可以确定视觉映射的范围。

【示例代码 2-14】

```
option = {
  visualMap: [
    {
      type: 'continuous',
      min: 0,
      max: 5000,
      dimension: 3,     // series.data 的第 4 个维度（即 value[3]）被映射
      seriesIndex: 3,   // 对第 4 个系列进行映射
      inRange: {
        // 选中范围中的视觉配置
        color: ['blue', '#121122', 'red'],      // 定义图形颜色映射的颜色列表
        // 数据最小值映射到'blue'上，最大值映射到'red'上，其余自动线性计算
        symbolSize: [30, 100]        // 定义图形尺寸的映射范围
        // 数据最小值映射到 30 上，最大值映射到 100 上，其余自动线性计算
      },
      outOfRange: {
        // 选中范围外的视觉配置
        symbolSize: [30, 100]
      }
    }
    // 此处省略部分代码
  ]
};
```

其中，visualMap.inRange 表示在数据映射范围内的数据采用的样式，visualMap.outOfRange 指定了超出映射范围的数据的样式，visualMap.dimension 则指定了将数据的哪个维度做视觉映射。

（2）分段型视觉映射组件

分段型视觉映射组件有以下三种模式。

① 连续型数据平均分段：依据 visualMap-piecewise.splitNumber 将数据自动平均分割成若干段。

② 连续型数据自定义分段：依据 visualMap-piecewise.pieces 定义每段数据的范围。

③ 离散数据（类别性数据）：类别定义在 visualMap-piecewise.categories 中。

使用分段型视觉映射组件时，需要将 type 设为'piecewise'，并且选择一种模式，其他配置项与连续型视觉映射组件的类似。

2.5　使用数据集管理数据

数据集是专门用来管理数据的组件。虽然每个系列都可以在 series.data 中设置数据，但是从 ECharts 4 支持数据集开始，更推荐使用数据集来管理数据。这种做法的优势在于，数据可以被多个组件复用，也便于实现"数据和其他配置"分离的配置风格，因为在实际应用中，数据往往频繁改变，而其他配置大多保持稳定。

2.5.1　在系列中设置数据

✕ 【引导训练】

【训练 2-1】在网页文件 test0201.html 中将数据设置在系列中

【代码编写】

```
<!doctype html>
<html>
<head>
    <meta charset="utf-8">
    <title>ECharts 图表示例</title>
    <!-- 引入 ECharts 文件 -->
    <script src="../ECharts/echarts.min.js"></script>
</head>
<body>
    <!-- 为 ECharts 准备一个定义了宽度和高度的 DOM -->
    <div id="main" style="width: 600px;height:400px;"></div>
    <script type="text/javascript">
        // 基于准备好的 DOM 初始化 ECharts 实例
```

```
      var chartDom = document.getElementById('main');
      var myChart = echarts.init(chartDom);
      var option;
      // 设置图表的配置项和数据
      option = {
        xAxis: {
          type: 'category',
          data: ['苹果', '梨子', '葡萄', '杧果']
        },
        yAxis: {},
        series: [
          {
            type: 'bar',
            name: '7月',
            data: [89.3, 83.1, 94.4, 85.4]
          },
          {
            type: 'bar',
            name: '8月',
            data: [95.8, 89.4, 91.2, 76.9]
          },
          {
            type: 'bar',
            name: '9月',
            data: [97.7, 92.1, 92.5, 78.1]
          }
        ]
      };
      // 显示图表
      myChart.setOption(option);
    </script>
  </body>
</html>
```

【图表展示】

训练 2-1 对应的柱状图如图 2-3 所示。

在系列中设置数据适用于对一些特殊的数据结构（如树、图等）进行一定的数据类型定制，但是需要用户先处理数据，把数据分割并配置到各个系列（和类目轴）中。此外，这种方式不支持多个系列共享一份数据，给基于原始数据进行图表类型、系列的映射安排带来了不便。

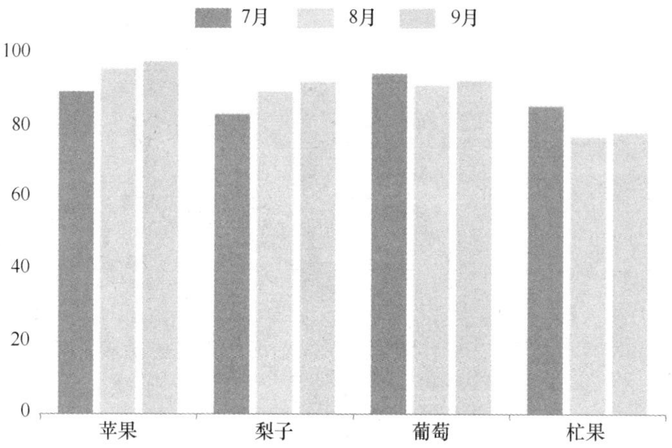

图 2-3　训练 2-1 对应的柱状图

【重要说明】

　　这里给出了训练 2-1 的完整代码，本模块其余的各个示例或任务将只给出图表的配置项和数据对应的代码，引入 ECharts 文件、为 ECharts 准备一个定义了宽度和高度的 DOM、基于准备好的 DOM 初始化 ECharts 实例、显示图表等方面的代码与本示例的相同，不再重复说明。

2.5.2　在数据集中设置数据

　　将数据设置在数据集中的好处如下。

　　（1）贴近数据可视化常见思路：先提供数据，再指定数据到视觉元素的映射，从而形成图表。

　　（2）数据和其他配置分离，更易于管理。数据通常频繁改变，其他配置通常不变。

　　（3）数据可以被多个系列或者组件复用，对于数据量大的场景，不必分别为每个系列创建一份数据。

　　（4）支持更多数据格式（如二维数组、对象数组等），一定程度上减轻了转换数据格式的负担。

　　目前并非所有图表都支持数据集，支持数据集的图表有折线图、柱状图、散点图、特效散点图、平行坐标图、K 线图、地图、漏斗图、自定义图表。

✖ **【引导训练】**

【训练 2-2】在网页文件 test0202.html 中将数据设置在数据集中

【代码编写】

```
option = {
  legend: {},
  tooltip: {},
  dataset: {
    // 提供一份数据
```

```
    source: [
        ['product', '4月', '5月', '6月'],
        ['苹果', 43.3, 85.8, 93.7],
        ['梨子', 83.1, 73.4, 55.1],
        ['葡萄', 86.4, 65.2, 82.5],
        ['杧果', 72.4, 53.9, 39.1]
    ]
    },
    // 声明一个 x 轴（类目轴），默认情况下，类目轴对应dataset的第一列
    xAxis: { type: 'category' },
    // 声明一个 y 轴（数值轴）
    yAxis: {},
    // 声明多个柱状图系列，默认情况下，每个系列会自动对应dataset的每一列数值
    series: [{ type: 'bar' }, { type: 'bar' }, { type: 'bar' }]
};
```

【图表展示】

训练 2-2 对应的柱状图如图 2-4 所示。

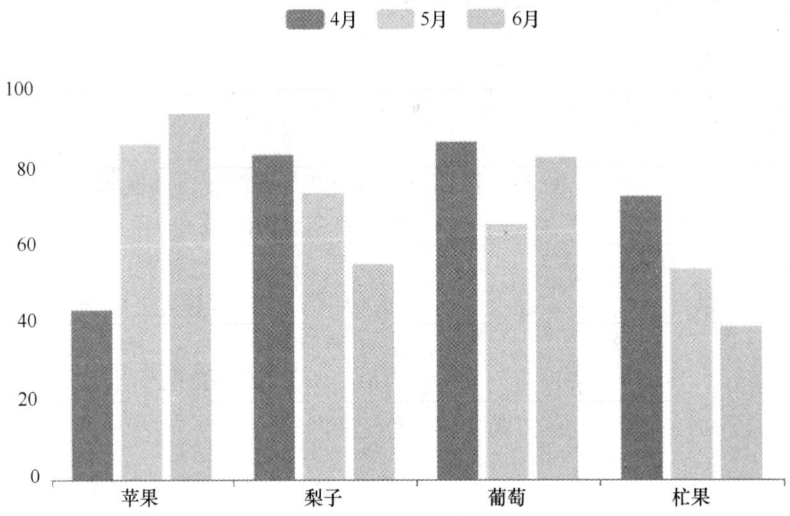

图 2-4　训练 2-2 对应的柱状图

【引导训练】

【训练 2-3】在网页文件 test0203.html 中使用对象数组的格式将数据设置在数据集中

【代码编写】

```
option = {
```

```
legend: {},
tooltip: {},
dataset: {
  // 这里用 dimensions 指定维度的顺序。直角坐标系中，如果 x 轴为类目轴
  // 默认把第一个维度映射到 x 轴上，其余维度映射到 y 轴上
  // 如果不指定 dimensions，也可以通过指定 series.encode 实现相同的效果
  dimensions: ['product', '4月', '5月', '6月'],
  source: [
    { product: '苹果', '4月': 43.3, '5月': 85.8, '6月': 93.7 },
    { product: '梨子', '4月': 83.1, '5月': 73.4, '6月': 55.1 },
    { product: '葡萄', '4月': 86.4, '5月': 65.2, '6月': 82.5 },
    { product: '杧果', '4月': 72.4, '5月': 53.9, '6月': 39.1 }
  ]
},
xAxis: { type: 'category' },
yAxis: {},
series: [{ type: 'bar' }, { type: 'bar' }, { type: 'bar' }]
};
```

【图表展示】

训练 2-3 对应的柱状图如图 2-5 所示。

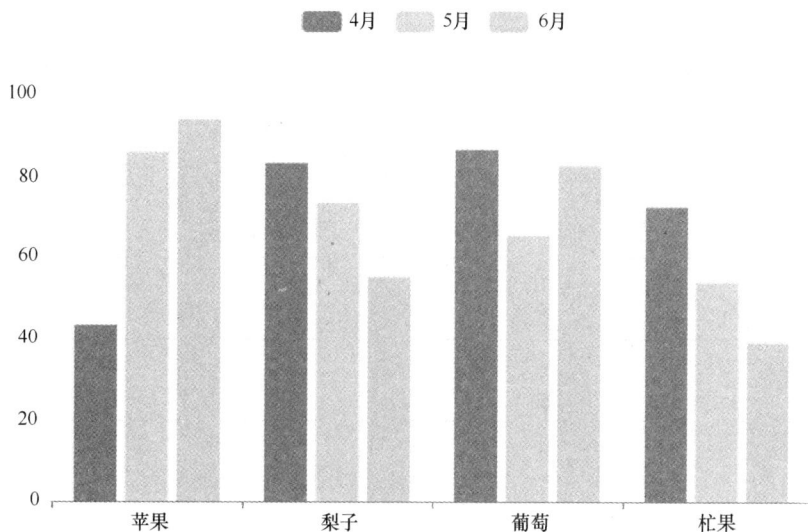

图 2-5　训练 2-3 对应的柱状图

2.5.3　数据到图形的映射

数据可视化的常见思路是：先提供数据，再指定数据到视觉元素的映射。
具体而言，可以进行如下映射设定。

（1）指定数据集的列（column）还是行（row）映射为系列。该配置可以通过 series.seriesLayoutBy 属性来完成，默认将列映射为系列。

（2）指定维度映射的规则：如何从数据集的维度（一个维度的意思是一行或一列）映射到坐标轴（如 x 轴、y 轴）、提示框、标签、图形元素属性等。这一映射可以使用 series.encode 属性以及 visualMap 组件来配置（如果需要映射颜色、大小等视觉维度）。如果没有给出这种映射配置，那么 ECharts 就按默认规则进行映射：x 轴声明为类目轴，自动对应 dataset.source 中的第 1 列；后续系列与 dataset.source 中的后续列一一对应。

1．把数据集的行或列映射为系列

用户可以通过 seriesLayoutBy 配置项来指定将数据集的行或列映射为系列，其取值如下。

（1）'column'：默认值，将数据集的列映射为系列。

（2）'row'：将数据集的行映射为系列。

【引导训练】

【训练 2-4】在网页文件 test0204.html 中把数据集的行或列映射为系列

【代码编写】

```
option = {
  legend: {},
  tooltip: {},
  dataset: {
    source: [
      ['product', '10 月', '11 月', '12 月', '1 月'],
      ['苹果', 41.1, 30.4, 65.1, 53.3],
      ['梨子', 86.5, 92.1, 85.7, 83.1],
      ['葡萄', 24.1, 67.2, 79.5, 86.4]
    ]
  },
  xAxis: [
    { type: 'category', gridIndex: 0 },
    { type: 'category', gridIndex: 1 }
  ],
  yAxis: [{ gridIndex: 0 }, { gridIndex: 1 }],
  grid: [{ bottom: '55%' }, { top: '55%' }],
  series: [
    // 这几个系列会出现在第 1 个直角坐标系中，每个系列对应 dataset 的每一行
    { type: 'bar', seriesLayoutBy: 'row', xAxisIndex: 0, yAxisIndex: 0 },
    { type: 'bar', seriesLayoutBy: 'row', xAxisIndex: 0, yAxisIndex: 0 },
    { type: 'bar', seriesLayoutBy: 'row', xAxisIndex: 0, yAxisIndex: 0 },
```

```
    // 这几个系列会出现在第 2 个直角坐标系中，每个系列对应 dataset 的每一列
    { type: 'bar', seriesLayoutBy: 'column', xAxisIndex: 1, yAxisIndex: 1 },
    { type: 'bar', seriesLayoutBy: 'column', xAxisIndex: 1, yAxisIndex: 1 },
    { type: 'bar', seriesLayoutBy: 'column', xAxisIndex: 1, yAxisIndex: 1 },
    { type: 'bar', seriesLayoutBy: 'column', xAxisIndex: 1, yAxisIndex: 1 }
  ]
};
```

【图表展示】

训练 2-4 对应的柱状图如图 2-6 所示。

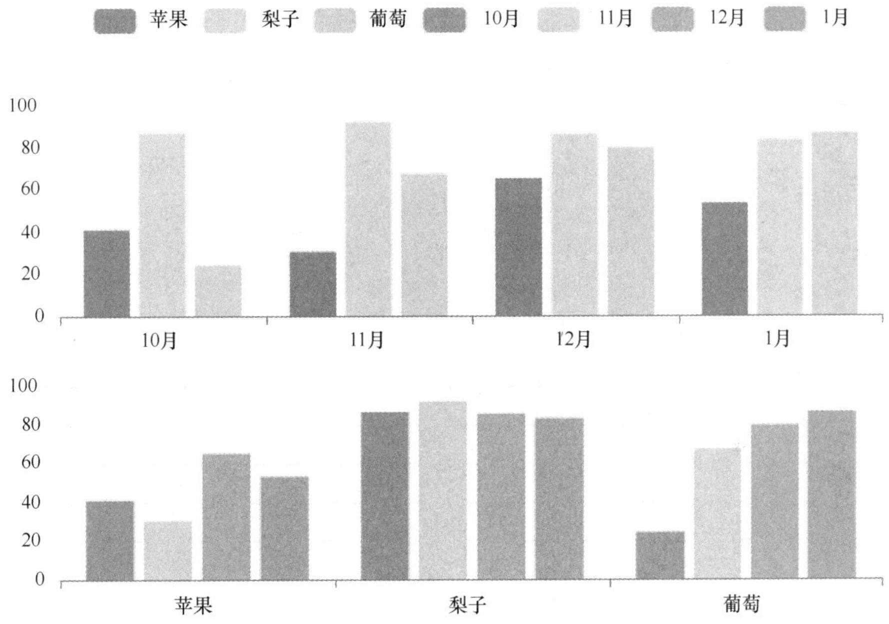

图 2-6　训练 2-4 对应的柱状图

2. 认知维度

常用图表所呈现的数据大部分是二维表结构的数据，通常使用二维数组来存储这些数据。当把列映射为系列时，每一列就是一个维度，而每一行就是一个数据项（item）；反之，每一行就是一个维度，每一列就是一个数据项。

维度可以设置名称，以便在图表中显示。维度名（name）可以定义在 dataset 的第一行（列），下面的示例中，'score'、'amount'、'product' 就是维度名。ECharts 会自动判断 dataset.source 中第一行（列）是否是维度名，当然也可以通过设置 dataset.sourceHeader: true 显式声明第一行（列）是维度名，或者设置 dataset.sourceHeader: false，表明从第一行（列）开始就是数据值。

维度也可以使用单独的 dataset.dimensions 或者 series.dimensions 来定义，这样可以同时指定维度名和维度类型（type）。

【示例代码 2-15】

```
var option1 = {
  dataset: {
```

```
  dimensions: [
    { name: 'score' },
    // 可以简写为 string, 表示维度名
    'amount',
    // 可以在 type 中指定维度类型
    { name: 'product', type: 'ordinal' }
  ],
  source: [
    // 此处省略部分代码
  ]
  }
  // 此处省略部分代码
};

var option2 = {
  dataset: {
    source: [
      // 此处省略部分代码
    ]
  },
  series: {
    type: 'line',
    // series.dimensions 的优先级高于 dataset.dimensions
    dimensions: [
      null,    // 表示不设置维度名
      'amount',
      { name: 'product', type: 'ordinal' }
    ]
  }
  // 此处省略部分代码
};
```

在大多数情况下，并不需要手动设置维度类型，因为 ECharts 会自动进行判断，如果判断不够准确，可以手动设置维度类型。

维度类型有以下几种。

（1）'number'：默认值，表示普通数据。

（2）'ordinal'：对于类目、文本这些 string 类型的数据，如果需要放置在数值轴上，维度类型必须是'ordinal'。

（3）'time'：表示时间数据。维度类型为'time'时，ECharts 能够将该维度的数据解析为时间戳（timestamp）。如果维度映射到时间轴（axis.type 为'time'）上，那么该维度会被自动设置为'time'类型。

（4）'float'：如果维度类型为'float'，对应数据会以 TypedArray 格式存储，从而提升数据处理性能。

（5）'int'：如果维度类型为'int'，对应数据也会以 TypedArray 格式存储，从而提升数据处理性能。

3. 实现数据到图形的映射

了解维度的概念后，接下来使用 series.encode 实现映射。

⚒ 【引导训练】

【训练 2-5】在网页文件 test0205.html 中把数据集的行或列映射为系列

【代码编写】

```
var option = {
  dataset: {
    source: [
      ['score', 'amount', 'product'],
      [89.3, 58212, '苹果'],
      [57.1, 78254, '梨子'],
      [74.4, 41032, '葡萄'],
      [50.1, 12755, '杧果'],
      [89.7, 20145, '桃子'],
      [68.1, 79146, '香蕉'],
      [19.6, 91852, '榴梿']
    ]
  },
  xAxis: {},
  yAxis: { type: 'category' },
  series: [
    {
      type: 'bar',
      encode: {
        // 将 amount 列映射到 x 轴
        x: 'amount',
        // 将 product 列映射到 y 轴
        y: 'product'
      }
    }
  ]
};
```

训练 2-5 对应的条形图如图 2-7 所示。

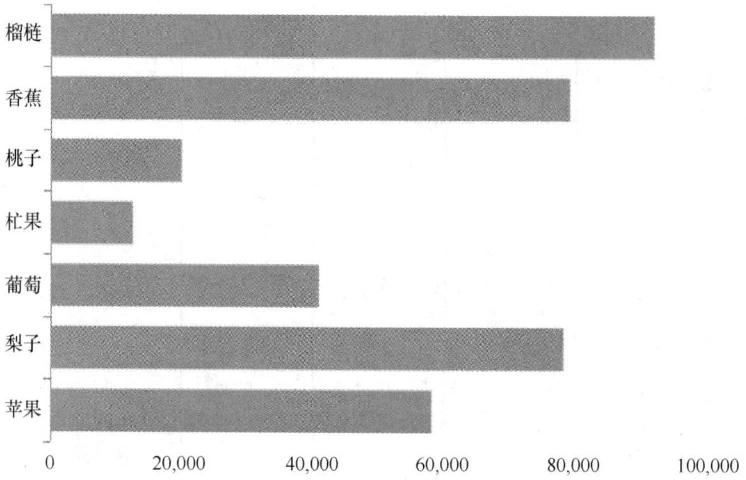

图 2-7　训练 2-5 对应的条形图

series.encode 的基本结构如下。

冒号左边是坐标轴、标签等特定名称（如'x'、'y'、'tooltip'等），冒号右边是维度名（string 格式）或者维度的索引（number 格式，从 0 开始计数），可以指定一个或多个维度（使用数组）。

（1）series.encode 支持的属性

① 任何坐标系和系列都支持的属性。

```
encode: {
    // 在 tooltip 中显示维度 product 和维度 score 的值
    tooltip: ['product', 'score'],
    // 将维度 1 和维度 3 的名称连起来作为系列名
    // 有时系列名称比较长，这样可以避免在 series.name 中重复输入这些长名称
    seriesName: [1, 3],
    // 使用维度 2 的值作为 id
    // 在使用 setOption 动态更新数据时
    // 可以将新、老数据用 id 对应起来，从而产生合适的数据更新动画
    itemId: 2,
    // 指定数据项的名称为维度 3 的值
    // 这个名称会显示在图例中
    itemName: 3
}
```

② 直角坐标系特有的属性。

```
encode: {
    // 把维度1、维度5、维度score 映射到 x 轴
    x: [1, 5, 'score'],
    // 把维度 0 映射到 y 轴
```

```
    y: 0
}
```

③ 单轴特有的属性。

```
encode: {
    single: 3
}
```

④ 极坐标系特有的属性。

```
encode: {
    radius: 3,
    angle: 2
}
```

⑤ 地理坐标系特有的属性。

```
encode: {
    lng: 3,
    lat: 2
}
```

⑥ 没有坐标系的图表支持的属性。

```
encode: {
    value: 3
}
```

（2）默认的 series.encode

当没有显式指定 series.encode 时，ECharts 会采用一些默认的映射规则，具体如下。

① 有坐标系（如直角坐标系、极坐标系等）。

• 如果有类目轴（axis.type 为'category'），则将第一列（行）映射到这个轴上，后续每一列（行）对应一个系列。

• 如果没有类目轴，并且坐标系有两个轴（如直角坐标系的 x 轴、y 轴），则每两列对应一个系列，这两列分别映射到这两个轴上。

② 没有坐标系（如饼图）。

取第一列（行）为名称，第二列（行）为数据值（如果只有一列，则取第一列为数据值）。

（3）配置 series.encode

默认的映射规则不满足要求时，可以自行配置 series.encode，该操作并不复杂。

✄【引导训练】

【训练 2-6】在网页文件 test0206.html 中自行配置 series.encode

【代码编写】

```
option = {
    legend: {},
    tooltip: {},
```

```
dataset: {
  source: [
    ['product', '5月', '6月', '7月', '8月', '9月', '10月'],
    ['苹果', 86.5, 92.1, 85.7, 83.1, 73.4, 55.1],
    ['梨子', 41.1, 30.4, 65.1, 53.3, 83.8, 98.7],
    ['葡萄', 24.1, 67.2, 79.5, 86.4, 65.2, 82.5],
    ['柠果', 55.2, 67.1, 69.2, 72.4, 53.9, 39.1]
  ]
},
series: [
  {
    type: 'pie',
    radius: '20%',
    center: ['25%', '30%']
    // 未指定数据值默认为 '5月'
  },
  {
    type: 'pie',
    radius: '20%',
    center: ['75%', '30%'],
    encode: {
      itemName: 'product',
      value: '6月'
    }
  },
  {
    type: 'pie',
    radius: '20%',
    center: ['25%', '75%'],
    encode: {
      itemName: 'product',
      value: '7月'
    }
  },
  {
    type: 'pie',
    radius: '20%',
    center: ['75%', '75%'],
    encode: {
      itemName: 'product',
```

```
      value: '8 月'
    }
  }
 ]
};
```

【图表展示】

训练 2-6 对应的饼图如图 2-8 所示。

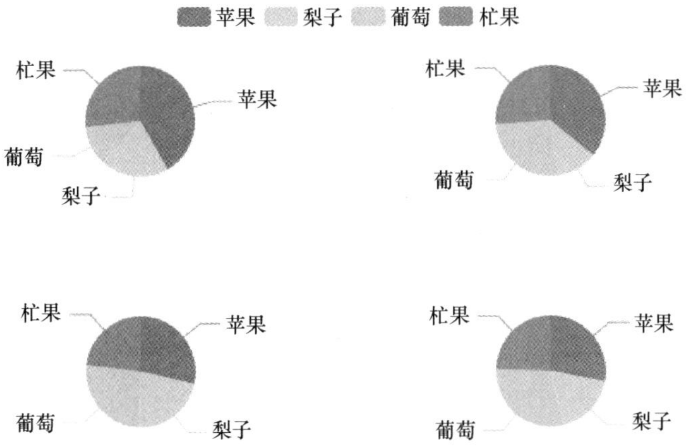

图 2-8 训练 2-6 对应的饼图

2.5.4 数据集的常用数据格式

1. JSON 格式与二维数组格式

在大多数图表中，数据宜采用二维表形式描述。广泛使用的数据表格软件（如 Excel、Numbers）以及关系数据库都能创建和管理二维表，它们都支持将数据导出为 JSON 格式，随后可输入 dataset.source 中，从而简化数据处理的步骤。

在 JavaScript 常用的数据传输格式中，二维数组可以比较直观地存储二维表。

2. Key-Value 格式

除了二维数组，数据集也支持 Key-Value 格式。Key-Value 格式也很常见，但是目前并不支持 seriesLayoutBy 参数。

【示例代码 2-16】

```
dataset: [
  {
    // 按行的 Key-Value 格式（对象数组），比较常见
    source: [
      { product: '苹果', count: 823, score: 95.8 },
      { product: '梨子', count: 235, score: 81.4 },
      { product: '葡萄', count: 1042, score: 91.2 },
      { product: '杧果', count: 988, score: 76.9 }
```

```
    ]
  },
  {
    // 按列的 Key-Value 格式
    source: {
      product: ['苹果', '梨子', '葡萄', '杜果'],
      count: [823, 235, 1042, 988],
      score: [95.8, 81.4, 91.2, 76.9]
    }
  }
];
```

2.5.5　多个数据集的定义及引用

定义多个数据集时，可以通过 series.datasetIndex 来指定引用哪个数据集。

【示例代码 2-17】

```
var option = {
  dataset: [
    {
      // 索引为 0 的 dataset
      source: []
    },
    {
      // 索引为 1 的 dataset
      source: []
    },
    {
      // 索引为 2 的 dataset
      source: []
    }
  ],
  series: [
    {
      // 使用索引为 2 的 dataset
      datasetIndex: 2
    },
    {
      // 使用索引为 1 的 dataset
      datasetIndex: 1
    }
```

```
    ]
};
```

✕ 【引导训练】

【训练 2-7】在网页文件 test0207.html 中实现多个图表共享一个数据集，并实现联动交互

【代码编写】

```
setTimeout(function () {
  option = {
    legend: {},
    tooltip: {
      trigger: 'axis',
      showContent: false
    },
    dataset: {
      source: [
        ['product', '4月', '5月', '6月', '7月', '8月', '9月'],
        ['苹果', 56.5, 82.1, 88.7, 70.1, 53.4, 85.1],
        ['梨子', 51.1, 51.4, 55.1, 53.3, 73.8, 68.7],
        ['葡萄', 40.1, 62.2, 69.5, 36.4, 45.2, 32.5],
        ['杧果', 25.2, 37.1, 41.2, 18, 33.9, 49.1]
      ]
    },
    xAxis: { type: 'category' },
    yAxis: { gridIndex: 0 },
    grid: { top: '55%' },
    series: [
      {
        type: 'line',
        smooth: true,
        seriesLayoutBy: 'row',
        emphasis: { focus: 'series' }
      },
      {
        type: 'line',
        smooth: true,
        seriesLayoutBy: 'row',
        emphasis: { focus: 'series' }
      },
```

```
    {
      type: 'line',
      smooth: true,
      seriesLayoutBy: 'row',
      emphasis: { focus: 'series' }
    },
    {
      type: 'line',
      smooth: true,
      seriesLayoutBy: 'row',
      emphasis: { focus: 'series' }
    },
    {
      type: 'pie',
      id: 'pie',
      radius: '30%',
      center: ['50%', '25%'],
      emphasis: {
        focus: 'self'
      },
      label: {
        formatter: '{b}: {@4 月} ({d}%)'
      },
      encode: {
        itemName: 'product',
        value: '4 月',
        tooltip: '4 月'
      }
    }
  ]
};
myChart.on('updateAxisPointer', function (event) {
  const xAxisInfo = event.axesInfo[0];
  if (xAxisInfo) {
    const dimension = xAxisInfo.value + 1;
    myChart.setOption({
      series: {
        id: 'pie',
        label: {
          formatter: '{b}: {@[' + dimension + ']} ({d}%)'
        },
```

```
    encode: {
      value: dimension,
      tooltip: dimension
    }
  }
});
  }
});
// 显示图表
myChart.setOption(option);
});
```

【图表展示】

训练 2-7 对应的图表如图 2-9 所示。

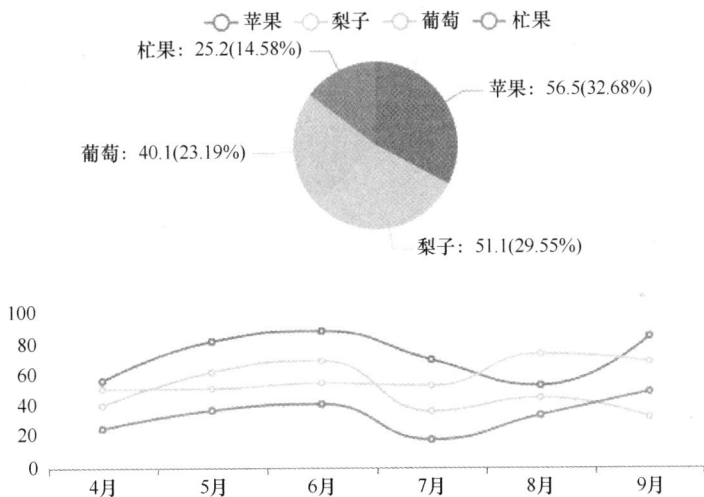

图 2-9 训练 2-7 对应的图表

2.6 使用 transform 进行数据转换

ECharts 5.x 开始支持数据转换（Data Transform）功能。在 ECharts 中，"数据转换"这个词指的是，给定一个已有的数据集和一个转换方法（transform），生成一个新的数据集，然后可以使用这个新的数据集绘制图表。这些工作都可以通过声明式的方式完成，无须复杂编程。

数据转换可以抽象为公式：

```
outData = f(inputData)
```

其中 f 是转换方法，如 filter、sort、regression、boxplot、cluster、aggregate(todo)等。ECharts 的数据转换功能可以帮助我们完成以下工作。

（1）把数据分成多份，用不同的饼图展现。

（2）进行一些数据统计运算，并展示结果。

（3）用某些数据可视化算法处理数据，并展示结果。

（4）数据排序。

（5）去除或只选择部分数据项。

2.6.1 数据转换的基础操作

在 ECharts 中，数据转换是依托于数据集实现的，相关配置项为 dataset.transform。

【引导训练】

【训练 2-8】在网页文件 test0208.html 中使用 transform 对数据集进行初步数据转换，绘制饼图分别展示 7 月、8 月、9 月 5 种水果的销售量

【代码编写】

```
var option = {
  dataset: [
    {
      // 这个 dataset 的 index 是 0
      source: [
        ['Product', 'Sales', 'Price', 'Month'],
        ['苹果', 123, 8.6, 7],
        ['梨子', 231, 14, 7],
        ['葡萄', 235, 24.5, 7],
        ['杧果', 341, 5.6, 7],
        ['桃子', 122, 11.6, 7],
        ['苹果', 143, 7.8, 8],
        ['梨子', 201, 15, 8],
        ['葡萄', 255, 25, 8],
        ['杧果', 241, 5.8, 8],
        ['桃子', 102, 12, 8],
        ['苹果', 153, 8.2, 9],
        ['梨子', 181, 13.5, 9],
        ['葡萄', 395, 26, 9],
        ['杧果', 281, 6, 9],
        ['桃子', 92, 12.5, 9],
        ['苹果', 223, 8.7, 10],
        ['梨子', 211, 15, 10],
        ['葡萄', 345, 25.6, 10],
        ['杧果', 211, 5.4, 10],
        ['桃子', 72, 12, 10]
      ]
    }
```

```
      // id: 'a'
    },
    {
      // 这个 dataset 的 index 是 1
      // 这个 transform 配置表示此 dataset 的数据来自此 transform 的结果
      transform: {
        type: 'filter',
        config: { dimension: 'Month', value: 7 }
      }
      // 还可以设置可选属性 fromDatasetIndex 或 fromDatasetId
      // 这两个可选属性指定 transform 的输入来自哪个 dataset
      // 例如, fromDatasetIndex: 0 表示输入来自 index 为 0 的 dataset
      // 例如, fromDatasetId: 'a' 表示输入来自 id 为 'a' 的 dataset
      // 当这两个可选属性都不指定时, 默认输入来自 index 为 0 的 dataset
    },
    {
      // 这个 dataset 的 index 是 2
      // 这里没有指定 fromDatasetIndex 和 fromDatasetId
      // 默认输入来自 index 为 0 的 dataset
      transform: {
        // 这个类型为 'filter' 的 transform 能够遍历并筛选出满足条件的数据项
        type: 'filter',
        // transform 的配置参数都须配置在 config 中
        // 在这个类型为 'filter' 的 transform 中, config 用于指定筛选条件
        // 这里的筛选条件是选出维度 Month 中值为 8 的所有数据项
        config: { dimension: 'Month', value: 8 }
      }
    },
    {
      // 这个 dataset 的 index 是 3
      transform: {
        type: 'filter',
        config: { dimension: 'Month', value: 9 }
      }
    }
  ],
  series: [
    {
      type: 'pie',
      radius: 50,
```

```
        center: ['25%', '50%'],
        // 这个饼图系列引用了 index 为 1 的 dataset
        // 即引用了 7 月类型为 'filter' 的 transform 的结果
        datasetIndex: 1
      },
      {
        type: 'pie',
        radius: 50,
        center: ['50%', '50%'],
        datasetIndex: 2
      },
      {
        type: 'pie',
        radius: 50,
        center: ['75%', '50%'],
        datasetIndex: 3
      }
    ]
};
```

【图表展示】

训练 2-8 对应的饼图如图 2-10 所示。

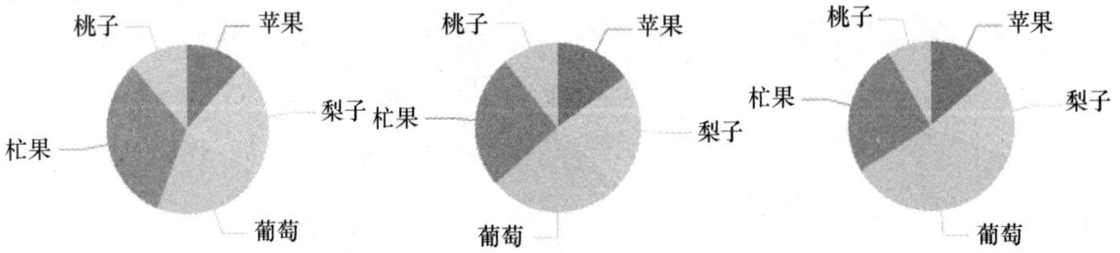

图 2-10　训练 2-8 对应的饼图

使用 transform 的要点总结如下。

（1）在一个空的 dataset 中声明 transform、fromDatasetIndex/fromDatasetId 来表示要生成的新数据。

（2）系列引用这个 dataset。

2.6.2　数据转换的进阶操作

1. 链式声明 transform

transform 可以被链式声明，这是一个语法糖。

【示例代码 2-18】

```
option = {
  dataset: [
```

```
  {
    source: [
      // 原始数据
    ]
  },
  {
    // 几个 transform 被声明成 Array，它们构成了一个链
    // 前一个 transform 的输出是后一个 transform 的输入
    transform: [
      {
        type: 'filter',
        config: { dimension: 'Product', value: '葡萄' }
      },
      {
        type: 'sort',
        config: { dimension: 'Month', order: 'desc' }
      }
    ]
  }
],
series: {
  type: 'pie',
  // 这个系列引用上述 transform 的结果
  datasetIndex: 1
}
};
```

注意：理论上，任何 transform 都可能有多个输入或多个输出。但是，如果一个 transform 被链式声明，它只能获取前一个 transform 的第一个输出作为输入（第一个 transform 除外），并且只能把自己的第一个输出传递给后一个 transform（最后一个 transform 除外）。

2. transform 输出多个数据

在大多数场景下，transform 只需输出一个数据。但是在某些场景下，transform 需要输出多个数据，每个数据可以被不同的系列或者数据集使用。

例如，类型为'boxplot'的 transform 除了会生成盒须图系列所需要的数据，还会生成离群点数据，并且可以用散点图系列显示出来。ECharts 提供 dataset.fromTransformResult 配置项来指定要获取的数据。

【示例代码 2-19】

```
option = {
  dataset: [
    {
```

```
    // 这个 dataset 的 index 为 0
    source: [
      // 原始数据
    ]
  },
  {
    // 这个 dataset 的 index 为 1
    transform: {
      type: 'boxplot'
    }
    // 这个类型为'boxplot'的 transform 生成了两个数据
    // result[0]: 盒须图系列所需的数据; result[1]: 离群点数据
    // 当其他 series 或者 dataset 引用这个 dataset 时, 默认获取 result[0]
    // 如果要获取 result[1], 需要额外声明
  },
  {
    // 这个 dataset 的 index 为 2
    // 这个额外的 dataset 指定了数据来源于 index 为 1 的 dataset
    fromDatasetIndex: 1,
    // 并且指定了获取 result[1]
    fromTransformResult: 1
  }
],
xAxis: {
  type: 'category'
},
yAxis: {},
series: [
  {
    name: 'boxplot',
    type: 'boxplot',
    // 这个 series 引用 index 为 1 的 dataset, 从而获取了 result[0]
    datasetIndex: 1
  },
  {
    name: 'outlier',
    type: 'scatter',
    // 这个 series 引用 index 为 2 的 dataset, 从而获取了 result[1] （即离群点数据）
    datasetIndex: 2
  }
```

```
  ]
};
```

另外，dataset.fromTransformResult 和 dataset.transform 可以同时出现在一个 dataset 中，这表示这个 transform 的输入是上游通过 fromTransformResult 获取的结果。

【示例代码 2-20】

```
{
  fromDatasetIndex: 1,
  fromTransformResult: 1,
  transform: {
    type: 'sort',
    config: { dimension: 2, order: 'desc' }
  }
}
```

2.6.3　使用数据转换器 filter

ECharts 内置具备过滤功能的数据转换器 filter，使用时只需声明 transform.type: 'filter'并给出数据筛选条件。

【引导训练】

【训练 2-9】在网页文件 test0209.html 中使用 filter 筛选出 7 月 5 种水果的销售量，并且绘制饼图

【代码编写】

```
option = {
  dataset: [
    {
      source: [
        ['Product', 'Sales', 'Price', 'Month'],
        ['苹果', 123, 8.6, 7],
        ['梨子', 231, 14, 7],
        ['葡萄', 235, 24.5, 7],
        ['杧果', 341, 5.6, 7],
        ['桃子', 122, 11.6, 7],
        ['苹果', 143, 7.8, 8],
        ['梨子', 201, 15, 8],
        ['葡萄', 255, 25, 8],
        ['杧果', 241, 5.8, 8],
        ['桃子', 102, 12, 8],
```

```
        ['苹果', 153, 8.2, 9],
        ['梨子', 181, 13.5, 9],
        ['葡萄', 395, 26, 9],
        ['杜果', 281, 6, 9],
        ['桃子', 92, 12.5, 9],
        ['苹果', 223, 8.7, 10],
        ['梨子', 211, 15, 10],
        ['葡萄', 345, 25.6, 10],
        ['杜果', 211, 5.4, 10],
        ['桃子', 72, 12, 10]
      ]
    },
    {
      transform: {
        type: 'filter',
        config: { dimension: 'Month', '=': 7 }
        // 遍历数据，筛选出维度 Month 值为 7 的所有数据项
      }
    }
  ],
  series: {
    type: 'pie',
    datasetIndex: 1
  }
};
```

【图表展示】

训练 2-9 对应的饼图如图 2-11 所示。

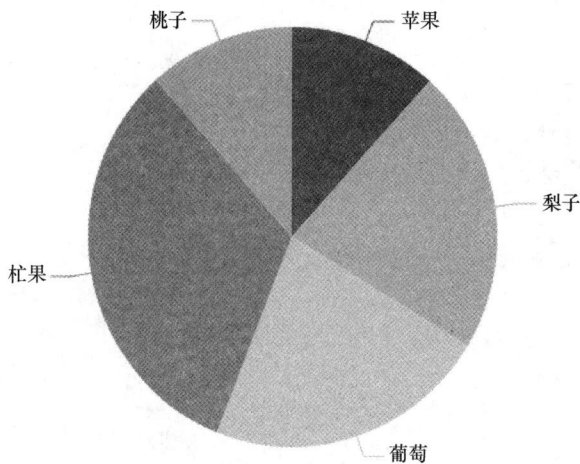

图 2-11　训练 2-9 对应的饼图

数据转换器 filter 的相关要素如下。

1. 维度

config.dimension 用于指定维度，能设置成以下两种值。

（1）维度名：可以设定成声明在 dataset 中的维度名，如 config: {dimension: 'Month','=':7}。

（2）维度索引：由于 dataset 中维度名的声明并非强制，因此也可以设定成 dataset 中的维度索引（索引从 0 开始），如 config: {dimension:3,'=':7}。

2. 关系操作符

关系操作符包括>（gt）、>=（gte）、<（lt）、<=（lte）、=（eq）、!=（ne、<>）、reg。（小括号中的符号或字母是别名，与操作符等价）

这些关系操作符能基于数值大小进行基本比较，还有一些额外的功能特性。

（1）多个关系操作符能声明在一个{}中，表示"与"的关系，如{dimension:'Price','>=':20,'<':30}表示筛选出价格大于等于 20 且小于 30 的数据项。

（2）data 里的值不仅可以是数值（number），还可以是类数值的字符串（numeric string）。类数值的字符串本身是一个字符串，但是可以转换为字面所描述的数值，如'123'。转换过程中，空格（全角空格和半角空格）和换行符都会被消除（trim）。

（3）如果需要对日期对象（JavaScript Date）或者日期字符串（如'2025-05-12'）进行比较，需要手动指定 parser:'time'，如 config: { dimension: 3, lt: '2025-05-12', parser: 'time' }。

（4）=和!=支持纯字符串比较；而>、>=、<、<=并不支持纯字符串比较，也就是说这 4 个操作符的右值不能是字符串。

（5）reg 操作符可用于正则表达式比较，如{dimension: 'Name', reg: /\s+LiMing\s*$/ }能在维度 Name 上选出以'LiMing'结尾的数据项。

3. 逻辑操作符

ECharts 支持逻辑操作符与（and）、或（or）、非（not）。

【示例代码 2-21】

```
option = {
  dataset: [
    {
      source: [
        // 此处省略部分代码
      ]
    },
    {
      transform: {
        type: 'filter',
        config: {
          // 使用 and 操作符
          // 可以在同样的位置使用 or 操作符或 not 操作符
          // 注意：not 操作符后应该跟 {...} 而非 [...]
          and: [
            { dimension: 'Month', '=': 7 },
```

```
          { dimension: 'Price', '>=': 20, '<': 30 }
        ]
      }
      // 这里表示选出 7 月价格大于等于 20 且小于 30 的数据项
    }
  ]
],
series: {
  type: 'pie',
  datasetIndex: 1
}
};
```

逻辑操作符可以嵌套使用。

【示例代码 2-22】

```
transform: {
  type: 'filter',
  config: {
    or: [{
      and: [{
        dimension: 'Price', '>=': 10, '<': 20
      }, {
        dimension: 'Sales', '<': 100
      }, {
        not: { dimension: 'Product', '=': '梨子' }
      }]
    }, {
      and: [{
        dimension: 'Price', '>=': 10, '<': 20
      }, {
        dimension: 'Sales', '<': 100
      }, {
        not: { dimension: 'Product', '=': '桃子' }
      }]
    }]
  }
}
```

4. 解析器

可以使用解析器（parser）对值进行解析后再做比较。ECharts 目前支持的解析器有以下几种。

（1）parser: 'time'

parser:'time'表示把原始数据解析成时间戳，以便进行比较。这个解析器的行为和

echarts.time.parse 相同,即当原始数据为时间对象(JavaScript Date 实例)或描述时间的字符串(如'2025-05-12 03:11:22')时,将其解析为时间戳,从而可以基于数值大小进行比较。如果原始数据是其他不可解析为时间戳的值,会被解析为 NaN。

（2）parser: 'trim'

parser: 'trim'表示把字符串两端的空格(全角或半角)和换行符去掉。原始数据不是字符串时,保持不变。

（3）parser: 'number'

parser: 'number'表示把原始数据强制转换为数值。如果原始数据不能转换为有意义的数值,就将其转换为 NaN。在大多数场景下,并不需要使用这个解析器,因为默认策略会自动将类数值的字符串转换为数值。但是默认策略比较严格,如果遇到含有后缀的数值(如'33%'、'12px'),就需要手动指定 parser: 'number',从而去掉后缀并将剩余部分转换为数值。

【引导训练】

【训练 2-10】在网页文件 test0210.html 中使用 parser: 'time'将描述 时间的字符串解析为时间戳

【代码编写】

```
option = {
  dataset: [
    {
      source: [
        ['Product', 'Sales', 'Price', 'Date'],
        ['苹果', 311, 8.7, '2024-05-12'],
        ['梨子', 135, 15, '2024-05-22'],
        ['葡萄', 262, 26, '2024-06-02'],
        ['杧果', 359, 5.6, '2024-06-22'],
        ['桃子', 121, 12.3, '2024-07-02'],
        ['葡萄', 271, 25.8, '2024-08-22']
        // 此处省略部分代码
      ]
    },
    {
      transform: {
        type: 'filter',
        config: {
          dimension: 'Date',
          '>=': '2024-05',
          '<': '2024-07',
          parser: 'time'
```

```
      }
     }
    }
   ],
   series: {
     type: 'pie',
     datasetIndex: 1
   }
};
```

【图表展示】

训练 2-10 对应的饼图如图 2-12 所示。

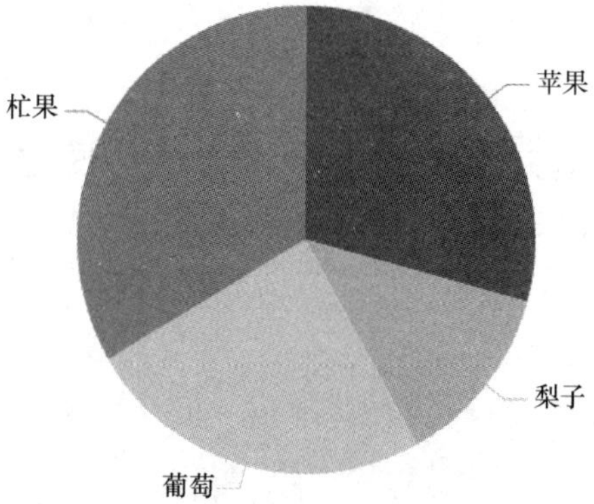

图 2-12　训练 2-10 对应的饼图

2.6.4　使用数据转换器 sort

sort 是 ECharts 内置的另一个数据转换器，用于数据排序，目前主要用于在类目轴（axis.type: 'category'）上显示排序后的数据。

【引导训练】

【训练 2-11】在网页文件 test0211.html 中使用 sort 实现一维排序

【代码编写】

```
option = {
 dataset: [
   {
    dimensions: ['Product', 'Sales', 'Producer','Price', 'Date'],
    source: [
      ['苹果', 311,'山东', 8.7, '2024-05-12'],
      ['梨子', 135,'山东', 15, '2024-05-22'],
```

```
      ['葡萄', 262,'云南', 26, '2024-06-02'],
      ['杧果', 359,'四川', 5.6, '2024-06-22'],
      ['桃子', 121,'山东', 12.3, '2024-07-02'],
      ['猕猴桃', 135,'四川', 11.8, '2024-08-22']
    ]
  },
  {
    transform: {
      type: 'sort',
      // 按销售量排序
      config:
        { dimension: 'Sales', order: 'desc' }
    }
  }
],
xAxis: {
  type: 'category',
  axisLabel: { interval: 0, rotate: 30 }
},
yAxis: {},
series: {
  type: 'bar',
  encode: { x: 'Product', y: 'Sales' },
  datasetIndex: 1
  }
};
```

【图表展示】

训练 2-11 对应的柱状图如图 2-13 所示。

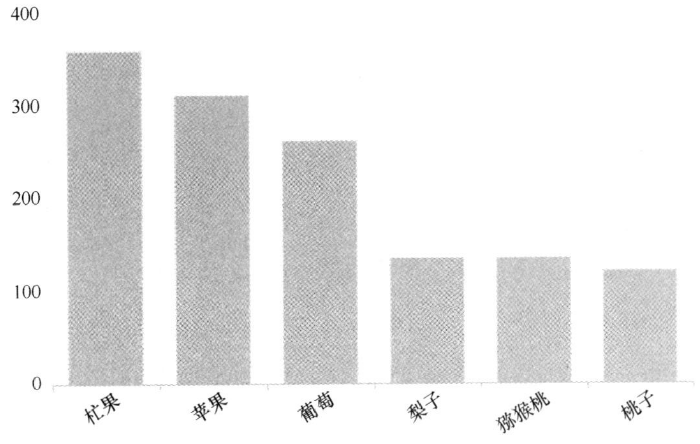

图 2-13　训练 2-11 对应的柱状图

【引导训练】

【训练 2-12】在网页文件 test0212.html 中使用 sort 实现多维排序

【代码编写】

```
option = {
  dataset: [
    {
      dimensions: ['Product', 'Sales', 'Producer','Price', 'Date'],
      source: [
        ['苹果', 311,'山东', 8.7, '2024-05-12'],
        ['梨子', 135,'山东', 15, '2024-05-22'],
        ['葡萄', 262,'云南', 26, '2024-06-02'],
        ['杧果', 359,'四川', 5.6, '2024-06-22'],
        ['桃子', 121,'山东', 12.3, '2024-07-02'],
        ['猕猴桃', 135,'四川', 11.8, '2024-08-22']
      ]
    },
    {
      transform: {
        type: 'sort',
        config: [
          // 对两个维度按声明的优先级分别排序
          { dimension: 'Sales', order: 'desc' },
          { dimension: 'Price', order: 'asc' }
        ]
      }
    }
  ],
xAxis: {
    type: 'category',
    axisLabel: { interval: 0, rotate: 30 }
  },
  yAxis: {},
  series: {
    type: 'bar',
    label: {
      show: true,
      rotate: 90,
```

```
      position: 'insideBottom',
      align: 'left',
      verticalAlign: 'middle'
    },
    itemStyle: {
      color: function (params) {
        return {
          山东: '#91cc75',
          云南: '#fac858',
          四川: '#badc65'

        }[params.data[2]];
      }
    },
    encode: { x: 'Product', y: 'Sales', label: ['Producer'] },
    datasetIndex: 1
  }
};
```

【图表展示】

训练 2-12 对应的柱状图如图 2-14 所示。

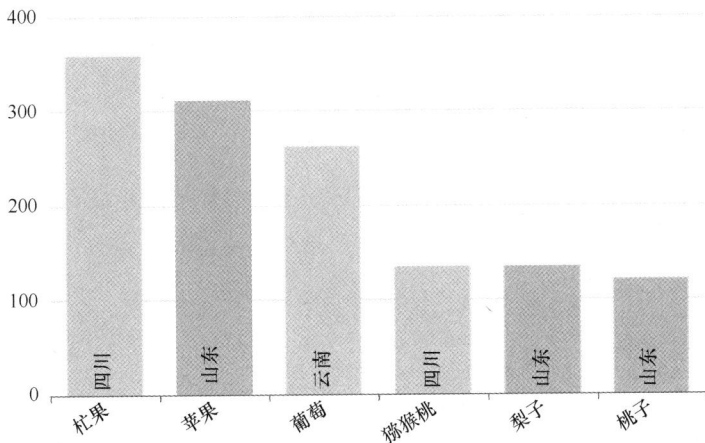

图 2-14 训练 2-12 对应的柱状图

数据转换器 sort 进行多维排序的规则如下。

（1）默认按照数值大小排序。其中，可转换为数值的字符串会被转换成数值，和其他数值一起按大小排序。

（2）不能转换为数值的字符串也会按照一定规则进行排序。这个特性有助于在进行多维度排序时，把相同标签的数据项聚集在一起。

（3）当排序或比较包含数值、可转换为数值的字符串，以及无法转换为数值的字符串时，

将后者称为"不可比较"（incomparable）。用户可以通过设置 incomparable: 'min' | 'max' 来指定这些不可比较的值被视为最小值还是最大值，以便进行下一步的排序或比较。例如，对包含空值（如 null、undefined、NaN、"）的数据集进行排序时，就需要使用该规则。

（4）可以使用解析器 parser: 'time' | 'trim' | 'number'。如果要对时间（如 JavaScript Date 实例或者时间字符串）进行排序，需要声明 parser: 'time'；如果需要对有后缀的数值（如'33%'、'16px'）进行排序，需要声明 parser: 'number'。

2.6.5　使用外部的数据转换器进行数据转换

【引导训练】

【训练 2-13】在网页文件 test0213.html 中使用 ecStat 提供的数据转换器进行数据转换

【代码编写】

在网页文件 test0213.html 中引入 ecStat.min.js 文件的代码如下：

```
<script src="../ECharts/ecStat.min.js"></script>
```

通过数据转换绘制直方图的代码如下：

```
// 任意数据集
var girth = [8.3, 8.6, 8.8, 10.5, 10.7, 10.8, 11.0, 11.0, 11.1, 11.2, 11.3, 11.4,
11.4, 11.7, 12.0, 12.9, 12.9, 13.3, 13.7, 13.8, 14.0, 14.2, 14.5, 16.0, 16.3, 17.3,
17.5, 17.9, 18.0, 18.0, 20.6];
var bins = ecStat.histogram(girth);
// 矩形条的相关数据
var interval;
var min = Infinity;
var max = -Infinity;
var data = echarts.util.map(bins.data, function (item, index) {
    // 左刻度
    var x0 = bins.bins[index].x0;
    // 右刻度
    var x1 = bins.bins[index].x1;
    interval = x1 - x0;
    // 获得数据集中的最值
    min = Math.min(min, x0);
    max = Math.max(max, x1);
    // item[0]代表刻度的中间值，item[1]代表出现的次数
    return [x0, x1, item[1]];
});
```

```javascript
// 自定义渲染效果
function renderItem(params, api) {
    // 根据自己的需求适当调节
    var yValue = api.value(2);
    var start = api.coord([api.value(0), yValue]);
    var size = api.size([api.value(1) - api.value(0), yValue]);
    var style = api.style();
    return {
        // 矩形条及其配置
        type: 'rect',
        shape: {
            x: start[0] + 1,
            y: start[1],
            width: size[0] - 2,
            height: size[1]
        },
        style: style
    };
}
option = {
    title: {
        text: '直方图示例',
        subtext: '',
        sublink: '',
        left: 'center',
        top: 10
    },
    color: ['rgb(25, 183, 207)'],
    grid: {
        top: 80,
        containLabel: true
    },
    xAxis: [{
        type: 'value',
        min: min,
        max: max,
        interval: interval
    }],
    yAxis: [{
```

```
            type: 'value',
    }],
    series: [{
        name: 'height',
        type: 'custom',
        renderItem: renderItem,
        label: {
            show: true,
            position: 'insideTop'
        },
        encode: {
            // 表示将 data 中的 data[0]和 data[1]映射到 x 轴
            x: [0, 1],
            // 表示将 data 中的 data[2]映射到 y 轴
            y: 2,
            // 表示将 data 中的 data[2]映射到 tooltip
            tooltip: 2,
            // 表示将 data 中的 data[2]映射到 label
            label: 2
        },
        data: data
    }]
};
```

  直方图可以可视化数值型数据的分布情况，用以直观判断数值型数据的概率分布，是特殊的柱状图。构建直方图是将总的数值区间切割成一个个小的区间，然后统计落入每个区间的数值样本个数。每个小区间都是连续的、大小相等的、相互不重叠的，如[[x0, x1), [x1, x2), [x2, x3]]。

【图表展示】

  训练 2-13 对应的直方图如图 2-15 所示。

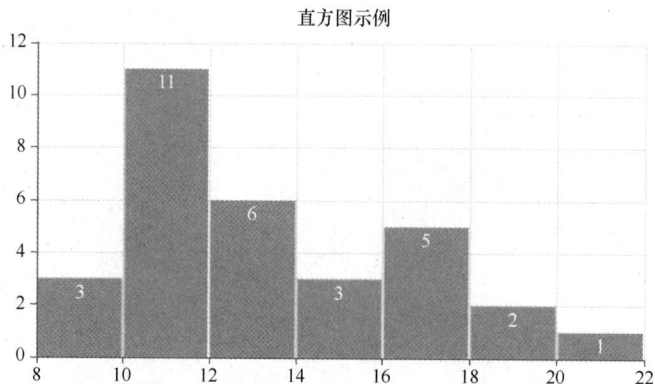

图 2-15　训练 2-13 对应的直方图

2.7 熟知 ECharts 的坐标轴

2.7.1 直角坐标系中的 x 轴、y 轴

x 轴和 y 轴都由轴线、刻度、刻度标签、轴标题 4 个部分组成，如图 2-16 所示。

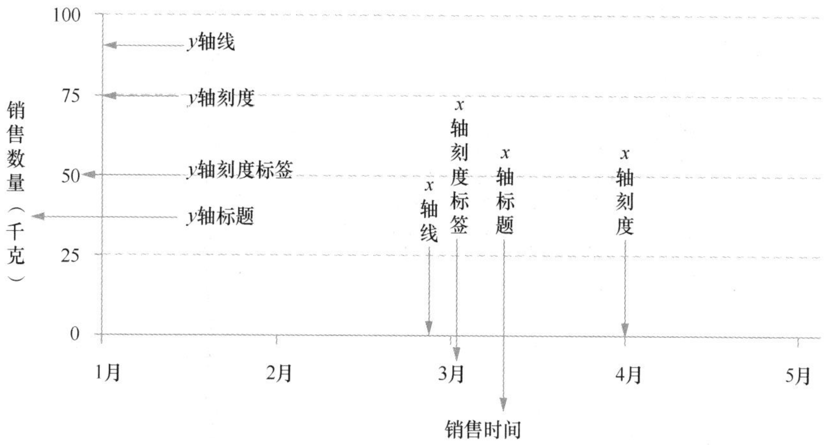

图 2-16 直角坐标系中 x 轴、y 轴的组成部分

普通的二维坐标系都有 x 轴和 y 轴，通常情况下，x 轴显示在图表的底部，y 轴显示在图表的左侧，一般配置代码如下：

```
option = {
  xAxis: {
    // 此处省略部分代码
  },
  yAxis: {
    // 此处省略部分代码
  }
};
```

x 轴常用来标示数据的维度，维度一般指数据的类别，是观察数据的角度，如"销售时间""销售地点""产品名称"等。

y 轴常用来标示数据的数值，数值是量化某一类数据的关键指标，也是需要分析的指标，如"销售数量"和"销售金额"等。

【示例代码 2-23】

```
option = {
  xAxis: {
    type: 'time',
    name: '销售时间'
    // 此处省略部分代码
  },
```

```
    yAxis: {
      type: 'value',
      name: '销售数量'
      // 此处省略部分代码
    }
    // 此处省略部分代码
};
```

当 x 轴（水平坐标轴）的跨度很大时，可以采用区域缩放的方式灵活地显示数据内容。

【示例代码 2-24】

```
option = {
  xAxis: {
    type: 'time',
    name: '销售时间'
    // 此处省略部分代码
  },
  yAxis: {
    type: 'value',
    name: '销售数量'
    // 此处省略部分代码
  },
  dataZoom: [
    // 此处省略部分代码
  ]
  // 此处省略部分代码
};
```

二维坐标系也可以设置多个轴。一般情况下，ECharts 的单个 grid 组件最多只能放两个 x 轴/y 轴，x 轴/y 轴多于两个时，需要通过配置 offset 属性防止多个轴发生重叠。x 轴为两个时，显示在图表上、下两侧；y 轴为两个时，显示在图表左、右两侧。

【示例代码 2-25】

```
option = {
  xAxis: {
    type: 'time',
    name: '销售时间'
    // 此处省略部分代码
  },
  yAxis: [
    {
      type: 'value',
      name: '销售数量'
      // 此处省略部分代码
```

```
      },
      {
        type: 'value',
        name: '销售金额'
        // 此处省略部分代码
      }
    ]
    // 此处省略部分代码
};
```

2.7.2 轴线

ECharts 提供了与轴线相关的配置项 axisLine，它允许用户根据实际情况调整轴线的样式，如轴线两端的箭头等。

【示例代码 2-26】

```
option = {
  xAxis: {
    axisLine: {
      symbol: 'arrow',
      lineStyle: {
        type: 'dashed'
        // 此处省略部分代码
      }
    }
    // 此处省略部分代码
  },
  yAxis: {
    axisLine: {
      symbol: 'arrow',
      lineStyle: {
        type: 'dashed'
        // 此处省略部分代码
      }
    }
  }
  // 此处省略部分代码
};
```

2.7.3 刻度

ECharts 提供了与刻度相关的配置项 axisTick，它允许用户根据实际情况调整刻度线的长度、样式等。

```
option = {
  xAxis: {
    axisTick: {
      length: 6,
      lineStyle: {
        type: 'dashed'
        // 此处省略部分代码
      }
    }
    // 此处省略部分代码
  },
  yAxis: {
    axisTick: {
      length: 6,
      lineStyle: {
        type: 'dashed'
        // 此处省略部分代码
      }
    }
  }
  // 此处省略部分代码
};
```

2.7.4 刻度标签

ECharts 提供了与刻度标签相关的配置项 axisLabel，它允许用户根据实际情况调整文字的对齐方式、刻度标签的内容等。

【示例代码 2-28】

```
option = {
  xAxis: {
    axisLabel: {
      formatter: '{value} kg',
      align: 'center'
      // 此处省略部分代码
    }
    // 此处省略部分代码
  },
  yAxis: {
```

```
  axisLabel: {
    formatter: '{value} 元',
    align: 'center'
    // 此处省略部分代码
  }
}
  // 此处省略部分代码
};
```

2.8　熟知 ECharts 的图例

　　图例是图表中对内容区元素的注释，用不同的形状、颜色、文字等来标示不同数据列，通过单击数据列的对应图例，可以显示或隐藏该数据列。图例虽然不是图表中的主要信息，但它是了解图表信息的钥匙。

2.8.1　图例的布局位置

　　图例一般放在图表的右上角，也可以放在图表的底部，同一页面中所有图例的位置应保持一致，可以横排对齐或纵排对齐。摆放图例时要考虑图表的整体空间，当图表纵向空间紧张或者内容过多时，通常将图例放在图表的下方。

【引导训练】

【训练 2-14】在网页文件 test0214.html 中展示柱状图图例的布局位置

【代码编写】

```
option = {
  legend: {
    orient: 'vertical',
    right: 10,
    top: 'center'
  },
  dataset: {
  source: [
    ['product', '4 月', '5 月', '6 月'],
    ['苹果', 43.3, 85.8, 93.7],
    ['梨子', 83.1, 73.4, 55.1],
    ['葡萄', 86.4, 65.2, 82.5],
    ['杧果', 72.4, 53.9, 39.1]
  ]
```

```
  },
  xAxis: { type: 'category' },
  yAxis: {},
  series: [{ type: 'bar' }, { type: 'bar' }, { type: 'bar' }]
};
```

【图表展示】

训练 2-14 对应的柱状图如图 2-17 所示。

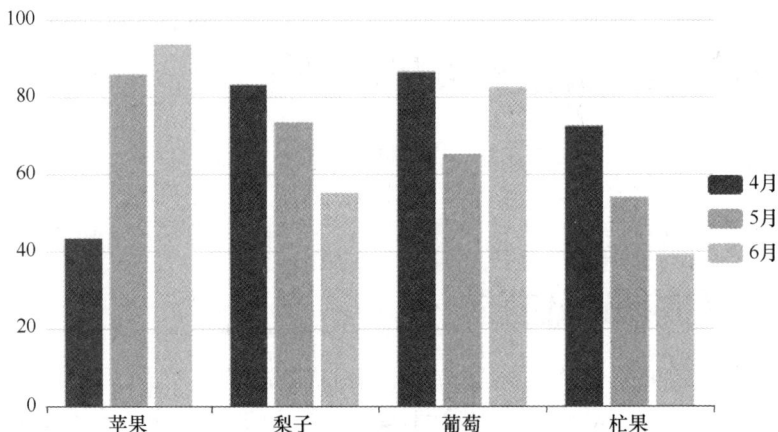

图 2-17　训练 2-14 对应的柱状图

当图例较多时，可以采用可滚动翻页的图例设计。

【示例代码 2-29】

```
option = {
  legend: {
    type: 'scroll',
    orient: 'vertical',
    right: 10,
    top: 20,
    bottom: 20,
    data: ['图例一', '图例二', '图例三', /* ... */ , '图例 n']
    // 此处省略部分代码
  }
  // 此处省略部分代码
};
```

2.8.2　图例的样式

在深色背景下，为了方便阅读，建议将图例背景设置为半透明的浅色，同时将文字颜色设置为浅色。

【示例代码 2-30】

```
option = {
  legend: {
    data: ['图例一', '图例二', '图例三'],
    backgroundColor: '#ccc',
    textStyle: {
      color: '#ccc'
      // 此处省略部分代码
    }
    // 此处省略部分代码
  }
  // 此处省略部分代码
};
```

图例的颜色标签有很多种设计方式，不同图表的图例样式也会有所不同，如图 2-18 所示。

图 2-18　多种图例样式

【示例代码 2-31】

```
option = {
  legend: {
    data: ['图例一', '图例二', '图例三'],
    icon: 'rect'
    // 此处省略部分代码
  }
  // 此处省略部分代码
};
```

2.8.3　图例的交互操作

图例可支持交互操作，单击可以显示或隐藏对应的数据列。

【示例代码 2-32】

```
option = {
  legend: {
    data: ['图例一', '图例二', '图例三'],
    selected: {
      图例一: true,
      图例二: true,
```

```
        图例三: false
      }
      // 此处省略部分代码
    }
    // 此处省略部分代码
};
```

注意：有些双轴图包含多种图表类型，不同类型图表的图例样式要有所区别。

【示例代码2-33】

```
option = {
  legend: {
    data: [
      {
        name: '图例一',
        icon: 'rect'
      },
      {
        name: '图例二',
        icon: 'circle'
      },
      {
        name: '图例三',
        icon: 'pin'
      }
    ]
    // 此处省略部分代码
  },
  series: [
    {
      name: '图例一'
      // 此处省略部分代码
    },
    {
      name: '图例二'
      // 此处省略部分代码
    },
    {
      name: '图例三'
      // 此处省略部分代码
    }
  ]
```

```
   // 此处省略部分代码
};
```
当图表只展示单一数据信息时，用图表标题说明数据信息即可，不需要使用图例。

✖ 【实战任务】

【任务 2-1】绘制 ECharts 柱状图

【任务描述】

安家乐电器公司 9 月的空调、冰箱、洗衣机、电视机、电风扇、热水器销售数量分别为 150、200、360、100、180、200，试绘制 ECharts 柱状图，展示 9 月该公司各类电器产品的销售情况。

【实现过程】

1. 创建 HTML 文件

启动 Dreamweaver，创建网页 task0201.html，将该文件保存到本模块文件夹 Unit02 中。
网页 task0201.html 初始 HTML 代码如下：

```
<!doctype html>
<html>
<head>
<meta charset="utf-8">
    <title>无标题文档</title>
</head>
<body>
</body>
</html>
```

2. 引入 ECharts

在 HTML 文档的<head>与</head>之间编写代码，引入 ECharts。

```
<head>
    <meta charset="utf-8">
    <title>ECharts 图表示例</title>
    <!-- 引入 ECharts 文件 -->
    <script src="../ECharts/echarts.min.js"></script>
</head>
```

3. 准备 HTML 容器

在 HTML 文档中，准备一个具有宽度和高度的 DOM 元素作为图表的容器。
HTML 代码如下：

```
<div id="main" style="width:600px;height:400px;"></div>
```

4. 初始化 ECharts 实例

在 JavaScript 代码中，通过 echarts.init 方法初始化 ECharts 实例，将其绑定到之前准备的 DOM 元素上。

JavaScript 代码如下：

```
var chartDom = document.getElementById('main');
var myChart = echarts.init(chartDom);
var option;
```

5. 设置图表的配置项和数据

ECharts 的图表配置依赖于一个名为 option 的 JavaScript 对象或 JSON 格式的数据。option 对象可以配置标题、坐标轴、数据系列等，决定了绘制的图表的样式。

配置柱状图的 JavaScript 代码如下：

```
option = {
    // 配置标题组件，包含主标题和副标题
    title: {
        text: '示例柱状图',
        subtext: '展示电器产品的销量'
    },
    tooltip: {},
    // 配置图例组件，一个 ECharts 图表可以包含多个图例组件
    legend: {
        data: ['销量']
    },
    // 配置 x 轴
    xAxis: {
        data: ['空调', '冰箱', '洗衣机', '电视机', '电风扇', '热水器']
    },
    // 配置 y 轴
    yAxis: {},
    // 配置系列，系列类型通过 type 控制
    series: [{
        name: '销量',
        type: 'bar',
        data: [150, 200, 360, 100, 180, 200]
    }]
};
```

6. 设置图表选项并渲染图表

通过调用 ECharts 实例的 setOption 方法，将准备好的 option 对象应用到图表上，从而渲染出图表。

JavaScript 代码如下：

```
myChart.setOption(option);
```

网页 task0201.html 的完整代码如下：

```
<!doctype html>
<html>
```

```html
<head>
    <meta charset="utf-8">
    <title>ECharts 图表示例</title>
    <!-- 引入 ECharts 文件 -->
    <script src="../ECharts/echarts.min.js"></script>
</head>
<body>
    <!-- 为 ECharts 准备一个定义了宽度、高度的 DOM -->
    <div id="main" style="width:600px;height:400px;"></div>
    <script type="text/javascript">
        // 基于准备好的 DOM 初始化 ECharts 实例
        var chartDom = document.getElementById('main');
        var myChart = echarts.init(chartDom);
        var option;
        // 设置图表的配置项和数据
        option = {
            // 配置标题组件，包含主标题和副标题
            title: {
                text: '示例柱状图',
                subtext: '展示电器产品的销量'
            },
            tooltip: {},
            // 配置图例组件，一个 ECharts 图表可以包含多个图例组件
            legend: {
                data: ['销量']
            },
            // 配置 x 轴
            xAxis: {
                data: ['空调', '冰箱', '洗衣机', '电视机', '电风扇', '热水器']
            },
            // 配置 y 轴
            yAxis: {},
            // 配置系列，系列类型通过 type 控制
            series: [{
                name: '销量',
                type: 'bar',
                data: [150, 200, 360, 100, 180, 200]
            }]
        };
        // 显示图表
```

```
        myChart.setOption(option);
    </script>
</body>
</html>
```

【图表展示】

任务 2-1 对应的柱状图如图 2-19 所示。

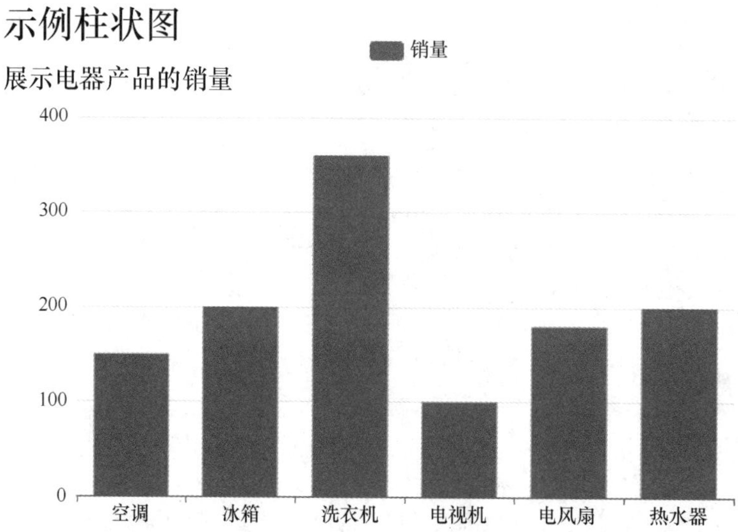

图 2-19　任务 2-1 对应的柱状图

【任务 2-2】绘制 ECharts 柱状图并设置属性

【任务描述】

（1）启动 Dreamweaver，创建网页 task0202.html，将该文件保存到本模块文件夹 Unit02 中。

（2）在网页 task0202.html 中绘制 ECharts 柱状图，并进行必要的属性设置。

【代码编写】

设置图表的配置项和数据的代码如下：

```
option = {
  backgroundColor: '#D3D3D3',
  // 配置标题组件, 包含主标题和副标题
  title: {
      text: '柱状图',
      // 设置主标题样式
      textStyle: {
          color: '#fff'
      },
      subtext: '12 个月的销售量',
      // 设置副标题样式
```

```
    subtextStyle: {
        color: '#fff'
    },
    // 设置标题位置, 用 padding 属性来定位
    padding: [10, 0, 0, 50]
},
// 配置图例组件
legend: {
    // 设置图例类型, 默认为'plain', 当图例很多时可使用'scroll'
    type: 'plain',
    // 设置图例相对容器的位置, 可使用 top、bottom、left、right
    top: '1%',
    // 设置图例是否显示, 默认为 true
    selected: {
        '销量': true,
    },
    // 设置图例内容样式
    textStyle: {
        // 设置所有图例的字体颜色
        color: '#fff',
        // 设置所有图例的字体背景色
        // backgroundColor: 'black',
    },
    // 设置图例的颜色标签, 默认不显示
    tooltip: {
        show: true,
        color: '#1e90ff',
    },
    // 设置图例内容
    data: [
        {
            name: '销量',
            // 设置图例的外框样式
            icon: 'circle',
            textStyle: {
                // 单独设置某一个图例的颜色
                color: '#000080',
                // 单独设置某一个图例的字体背景色
                // backgroundColor: 'black',
            }
```

```
                }
            ],
        },
        // 配置提示框组件
        tooltip: {
            // 设置是否显示提示框，默认显示
            show: true,
            // 设置数据项图形触发
            trigger: 'item',
            axisPointer: {
                // 设置指示样式
                type: 'shadow',
                axis: 'auto',
            },
            padding: 5,
            // 设置提示框内容样式
            textStyle: {
                color: "#fff",
            },
        },
        // 配置 grid 区域
        grid: {
            // 设置相对位置
            top: 80,
            left: '3%',
            right: '4%',
            bottom: '3%',
            // 设置是否显示直角坐标系网格
            show: false,
            // 设置 grid 区域是否包含坐标轴的刻度标签
            containLabel: true,
            tooltip: {
                // 鼠标指针放在图形上，显示提示框
                show: true,
                // 设置触发类型
                trigger: 'item',
                textStyle: {
                    // 设置提示框文字的颜色
                    color: '#666',
                }
```

```
        }
    },
    // 配置 x 轴
    xAxis: {
        // 设置 x 轴是否显示
        show: true,
        // 设置 x 轴位置
        position: 'bottom',
        // 设置 x 轴相对于默认位置的偏移
        offset: 0,
        // 设置 x 轴类型，默认为'category'
        type: 'category',
        // 设置 x 轴标题
        name: '月份',
        // 设置 x 轴标题相对位置
        nameLocation: 'end',
        // 设置 x 轴标题样式
        nameTextStyle: {
            color: "#1e90ff",
            // 设置 x 轴标题与周围元素的距离
            padding: [5, 0, 0, -5],
        },
        // 设置 x 轴标题与轴线的距离
        nameGap: 5,
        // 设置 x 轴标题的旋转角度
        nameRotate: 90,
        // 设置 x 轴线
        axisLine: {
            // 设置 x 轴线是否显示
            show: true,
            // 设置是否显示 x 轴线箭头
            symbol: ['none', 'arrow'],
            // 设置 x 轴线箭头大小
            symbolSize: [8, 8],
            // 设置 x 轴线箭头位置
            symbolOffset: [0, 8],
            // 设置 x 轴线样式
            lineStyle: {
                // 设置 x 轴线的颜色
                color: '#fff',
```

```javascript
        // 设置 x 轴线的宽度
        width: 1,
        // 设置 x 轴线的类型
        type: 'solid',
    },
},
// 设置 x 轴刻度
axisTick: {
    // 设置 x 轴刻度是否显示
    show: true,
    // 设置 x 轴刻度是否朝内
    inside: true,
    // 设置 x 轴刻度的长度
    length: 3,
    lineStyle: {
        // 设置 x 轴刻度的颜色，默认为轴线的颜色
        color: '#fff',
        // 设置 x 轴刻度的宽度
        width: 1,
        // 设置 x 轴刻度的类型
        type: 'solid',
    },
},
// 设置 x 轴刻度标签
axisLabel: {
    // 设置 x 轴刻度标签是否显示
    show: true,
    // 设置 x 轴刻度标签是否朝内
    inside: false,
    // 设置 x 轴刻度标签的旋转角度
    rotate: 0,
    // 设置 x 轴刻度标签与轴线的距离
    margin: 10,
    // 设置 x 轴刻度标签的颜色，默认为轴线的颜色
    color:'#1e90ff',
},
// 设置 grid 区域中的分隔线
splitLine: {
    // 设置 grid 区域中的分隔线是否显示
    show: true,
```

```
            lineStyle: {
                color: '#fff',
                width: 1,
                type:'solid',
            },
        },
        // 设置网格区域
        splitArea: {
            // 设置网格区域是否显示, 默认不显示
            show: true,
        },
        data: ["1月", "2月", "3月", "4月", "5月", "6月",
            "7月", "8月", "9月", "10月", "11月", "12月"]
    },
    // 配置 y 轴
    yAxis: {
        // 设置 y 轴是否显示
        show: true,
        // 设置 y 轴位置
        position: 'left',
        // 设置 y 轴相对于默认位置的偏移
        offset: 0,
        // 设置 y 轴类型, 默认为'category'
        type: 'value',
        // 设置 y 轴标题
        name: '销量',
        // 设置 y 轴标题相对位置
        nameLocation: 'end',
        // 设置 y 轴标题样式
        nameTextStyle: {
            color: "#1e90ff",
            // 设置 y 轴标题与周围元素的距离
            padding: [5, 0, 0, 0],
        },
        // 设置 y 轴标题与轴线的距离
        nameGap: 10,
        // 设置 y 轴标题的旋转角度
        nameRotate: 0,
        // 设置 y 轴线
        axisLine: {
```

```
        // 设置 y 轴线是否显示
        show: true,
        // 设置是否显示 y 轴线箭头
        symbol: ['none', 'arrow'],
        // 设置 y 轴线箭头大小
        symbolSize: [8, 8],
        // 设置 y 轴线箭头位置
        symbolOffset: [0, 8],
        // 设置 y 轴线样式
        lineStyle: {
            color: '#fff',
            width: 1,
            type: 'solid',
        },
    },
    // 设置 y 轴刻度
    axisTick: {
        // 设置 y 轴刻度是否显示
        show: true,
        // 设置 y 轴刻度是否朝内
        inside: true,
        // 设置 y 轴刻度的长度
        length: 3,
        // 设置 y 轴刻度的样式
        lineStyle: {
            color:'#fff',
            width: 1,
            type: 'solid',
        },
    },
    // 设置 y 轴刻度标签
    axisLabel: {
        // 设置 y 轴刻度标签是否显示
        show: true,
        // 设置 y 轴刻度标签是否朝内
        inside: false,
        // 设置 y 轴刻度标签的旋转角度
        rotate: 0,
        // 设置 y 轴刻度标签与轴线的距离
```

```
        margin: 8,
        // 设置 y 轴刻度标签的颜色，默认为轴线的颜色
        color:'#1e90ff',
    },
    // 设置 grid 区域中的分隔线
    splitLine: {
        // 设置 grid 区域中的分隔线是否显示
        show: true,
        lineStyle: {
            color: '#666',
            width: 1,
            // 设置分隔线的类型
            type: 'dashed',
        },
    },
    // 设置网格区域
    splitArea: {
        // 设置网格区域是否显示，默认不显示
        show: true,
    },
},
// 配置系列，系列类型通过 type 控制
series: [{
    // 设置系列名称
    name: '销量',
    // 设置系列类型
    type: 'bar',
    // 设置系列是否启用图例悬停时的联动高亮
    legendHoverLink: true,
    // 设置图形上的文本标签
    label: {
        show: true,
        // 设置相对位置
        position: 'insideTop',
        // 设置旋转角度
        rotate: 0,
        color: '#eee',
    },
    // 设置图形的样式
```

```
itemStyle: {
    // 设置矩形条的颜色
    color: '#87CEFA',
    barBorderRadius: [18, 18, 0, 0],
},
// 设置矩形条的宽度
barWidth: '20',
// 设置矩形条的间距
barCategoryGap: '20%',
data: [32, 48, 36, 65, 43, 62, 50, 72, 45, 67, 80, 52]
}]
};
```

【图表展示】

任务 2-2 对应的柱状图如图 2-20 所示。

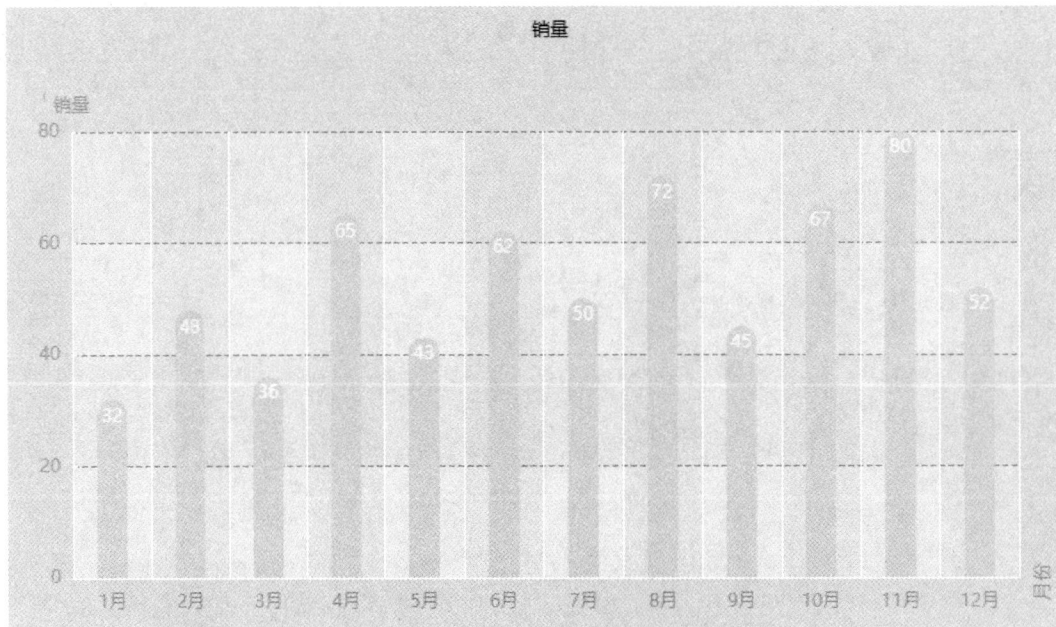

图 2-20　任务 2-2 对应的柱状图

【任务 2-3】绘制 ECharts 柱状图和平滑折线图

【任务描述】

某城市在某年度 1 月至 12 月的降水量分别为 6.0ml、32.0ml、70.0ml、86.0ml、68.7ml、100.7ml、125.6ml、112.2ml、78.7ml、48.8ml、36.0ml、19.3ml，平均气温分别为 6.0℃、10.2℃、10.3℃、11.5℃、10.3℃、13.2℃、14.3℃、16.4℃、18.0℃、16.5℃、12.0℃、5.2℃。

启动 Dreamweaver，创建网页 task0203.html，将该文件保存到本模块文件夹 Unit02 中，在该网页中绘制 ECharts 柱状图和平滑折线图，反映平均气温和降水量之间的趋势关系。

【代码编写】

设置图表的配置项和数据的代码如下：

```
option = {
  tooltip: {
    trigger: 'axis',
    axisPointer: { type: 'cross' }
  },
  xAxis: [
    {
      type: 'category',
      axisTick: {
        alignWithLabel: true
      },
      data: [
        '1月','2月','3月','4月','5月','6月','7月','8月','9月','10月','11月',
        '12月'
      ]
    }
  ],
  yAxis: [
    {
      type: 'value',
      name: '降水量',
      min: 0,
      max: 250,
      position: 'right',
      axisLabel: {
        formatter: '{value} ml'
      }
    },
    {
      type: 'value',
      name: '温度',
      min: 0,
      max: 25,
      position: 'left',
      axisLabel: {
        formatter: '{value} ℃'
      }
    }
```

```
    ],
  series: [
    {
      name: '降水量',
      type: 'bar',
      yAxisIndex: 0,
      data: [6.0, 32.0, 70.0, 86.0, 68.7, 100.7, 125.6, 112.2, 78.7, 48.8, 36.0,
19.3]
    },
    {

      name: '温度',
      type: 'line',
      smooth: true,
      yAxisIndex: 1,
      data: [6.0, 10.2,10.3,11.5,10.3,13.2,14.3,16.4,18.0,16.5,12.0,5.2 ]
    }
  ]
};
```

【图表展示】

任务 2-3 对应的柱状图和平滑折线图如图 2-21 所示。

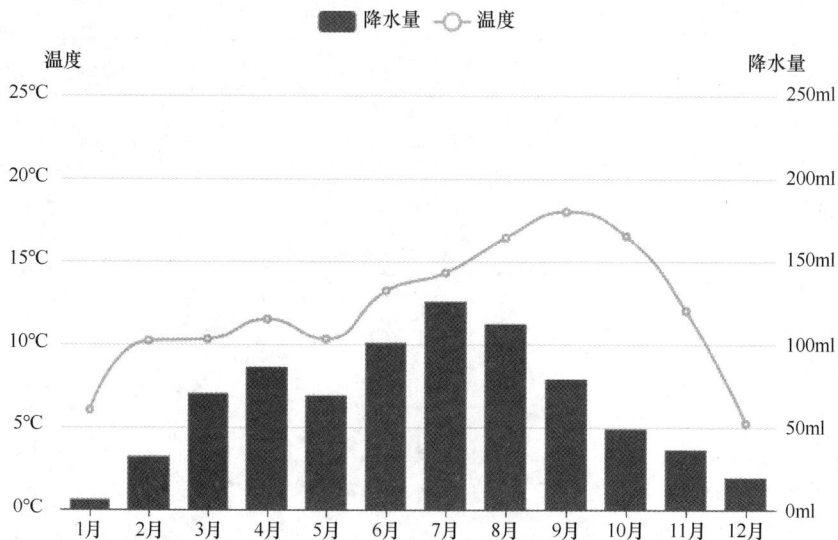

图 2-21 任务 2-3 对应的柱状图和平滑折线图

图 2-21 中左侧的 y 轴表示月平均气温，右侧的 y 轴表示月降水量，x 轴表示时间。

模块

绘制ECharts柱状图和条形图

03

柱状图是一种通过矩形条的高度来表现数据大小的常用图表类型，用于对比数据，主要配置项包括 xAxis、yAxis、series 等。设置柱状图的方式是将 series 的 type 设为'bar'，条形图的绘制方式与柱状图几乎完全相同，只是方向不同。

扫描二维码，浏览电子活页 3-1 中的内容，熟悉 ECharts 柱状图的主要属性及其设置。

3.1　绘制基础柱状图

3.1.1　绘制简单的柱状图

绘制简单的柱状图时，可以使用一个系列表示一组相关的数据。如果水平轴是类目（如"星期"）轴，则需要在 xAxis 中指定数据；如果垂直轴是数值轴，ECharts 会根据 series 中的 data 自动计算出纵坐标的范围。

✂ 【引导训练】

【训练 3-1】在网页文件 test0301.html 中绘制简单的柱状图

【代码编写】

```
<!doctype html>
<html>
<head>
    <meta charset="utf-8">
    <title>ECharts 图表示例</title>
    <!-- 引入 ECharts 文件 -->
```

```
        <script src="../ECharts/echarts.min.js"></script>
    </head>
    <body>
        <!-- 为 ECharts 准备一个定义了宽度和高度的 DOM -->
        <div id="main" style="width:600px;height:400px;"></div>
        <script type="text/javascript">
            // 基于准备好的 DOM 初始化 ECharts 实例
            var chartDom = document.getElementById('main');
            var myChart = echarts.init(chartDom);
            var option;
            // 指定图表的配置项和数据
            option = {
              tooltip: {},
              legend: {},
              xAxis: {
                data: ['星期一', '星期二', '星期三', '星期四', '星期五', '星期六', '星期日']
              },
              yAxis: {},
              series: [
                {
                  name: '销量',
                  type: 'bar',
                  data: [5, 20, 36, 10, 10, 20, 14]
                }
              ]
            };
            // 显示图表
            myChart.setOption(option);
        </script>
    </body>
</html>
```

【重要说明】

这里给出了训练 3-1 的完整代码，本模块其余的各个示例或任务将只给出图表的配置项和数据对应的代码，引入 ECharts 文件、为 ECharts 准备一个定义了宽度和高度的 DOM、基于准备好的 DOM 初始化 ECharts 实例、显示图表等方面的代码与本示例的相同，不再重复说明。

【图表展示】

训练 3-1 对应的柱状图如图 3-1 所示。

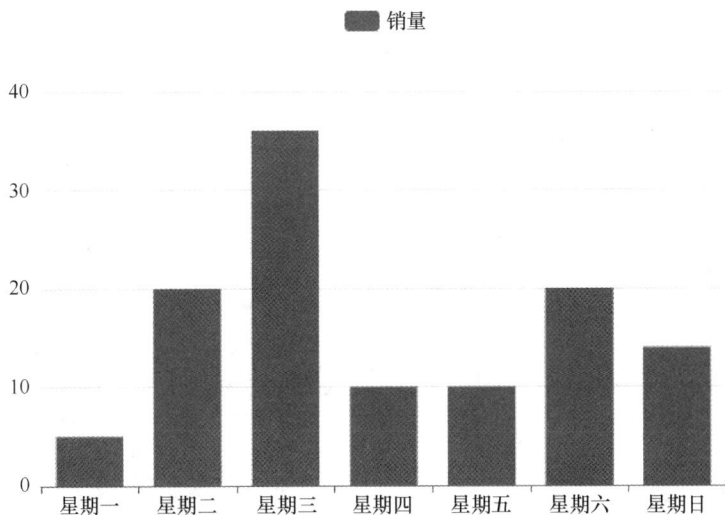

图 3-1　训练 3-1 对应的柱状图

3.1.2　绘制多系列的柱状图

需要展示多组相关数据时，可以绘制多系列的柱状图，其实现方式是在 series 中添加系列。

【引导训练】

【训练 3-2】在网页文件 test0302.html 中绘制多系列的柱状图

【代码编写】

```
option = {
  xAxis: {
    data: ['星期一', '星期二', '星期三', '星期四', '星期五', '星期六', '星期日']
  },
  yAxis: {},
  series: [
    {
      type: 'bar',
      data: [23, 24, 18, 25, 27, 28, 25]
    },
    {
      type: 'bar',
      data: [26, 24, 18, 22, 23, 20, 27]
    }
  ]
};
```

训练 3-2 对应的柱状图如图 3-2 所示。

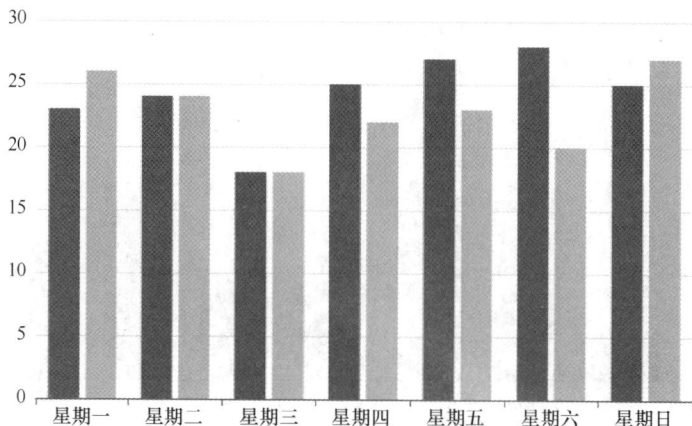

图 3-2　训练 3-2 对应的柱状图

3.1.3　设置柱状图样式

1. 设置矩形条样式

矩形条的样式可以通过 series.itemStyle 设置，相关属性如下。

（1）颜色（color）。

（2）描边颜色（borderColor）、描边宽度（borderWidth）、描边样式（borderType）。

（3）圆角的半径（barBorderRadius）。

（4）透明度（opacity）。

（5）阴影（shadowBlur、shadowColor、shadowOffsetX、shadowOffsetY）。

【引导训练】

【训练 3-3】在网页文件 test0303.html 中绘制简单的柱状图并设置矩形条样式

可以通过设置柱状图对应 series 的 itemStyle 设置矩形条的样式，包括设置单个矩形条的样式和设置矩形条的通用样式两种方式。

【代码编写】

```
option = {
 xAxis: {
   data: ['苹果', '梨子', '葡萄', '杧果', '桃子']
 },
 yAxis: {},
 series: [
   {
```

```
      type: 'bar',
      data: [ 10, 22, 28,
        {
          value: 43,
          // 设置单个矩形条的样式
          itemStyle: {
            color: '#91cc75',
            shadowColor: '#91cc75',
            borderType: 'dashed',
            opacity: 0.5
          }
        },
        49
      ],
      // 设置矩形条的通用样式
      itemStyle: {
        barBorderRadius: 5,
        borderWidth: 1,
        borderType: 'solid',
        borderColor: '#73c0de',
        shadowColor: '#5470c6',
        shadowBlur: 3
      }
    }
  ]
};
```

【图表展示】

训练 3-3 对应的柱状图如图 3-3 所示。

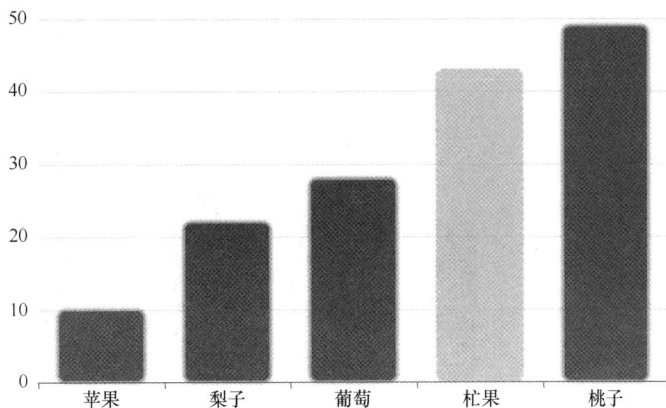

图 3-3 训练 3-3 对应的柱状图

2. 设置矩形条宽度和高度

绘制柱状图时，可以通过 barWidth 设置矩形条的宽度。另外，还可以通过设置 barMaxWidth 限制矩形条的最大宽度。数据值特别小时，可以通过设置 barMinHeight 为矩形条指定最小高度，当数据值对应的矩形条高度小于该值时，矩形条高度将采用这个最小高度。

【引导训练】

【训练 3-4】在网页文件 test0304.html 中绘制简单的柱状图并设置矩形条宽度

绘制柱状图时，将 barWidth 设为'40%'表示每个矩形条的宽度是类目宽度的 40%。如果每个系列有 5 个数据，40%的类目宽度相当于整个 x 轴宽度的 8%。

【代码编写】

```
option = {
  xAxis: {
    data: ['苹果', '梨子', '葡萄', '杧果', '桃子']
  },
  yAxis: {},
  series: [
    {
      type: 'bar',
      data: [10, 22, 28, 43, 49],
      barWidth: '40%'
    }
  ]
};
```

【图表展示】

训练 3-4 对应的柱状图如图 3-4 所示。

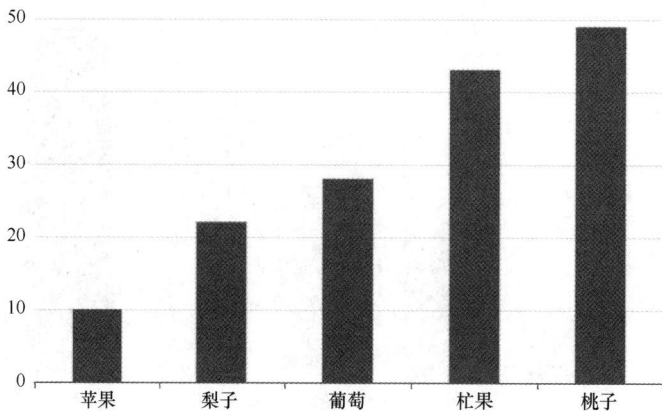

图 3-4　训练 3-4 对应的柱状图

3. 设置矩形条间距

矩形条间距分为两种，一种是同一类目不同矩形条的间距 barGap，另一种是同一系列不同矩形条的间距 barCategoryGap。barGap、barCategoryGap 对同一坐标系中的所有柱状图系列生效。

通常，如果设置了 barGap 和 barCategoryGap，就不需要设置 barWidth 了，因为矩形条的宽度会自动调整。如果有需要，可以通过 barMaxWidth 设置矩形条宽度的上限，从而保证图表宽度很大时，矩形条也不会太宽。

✕ 【引导训练】

【训练 3-5】在网页文件 test0305.html 中绘制简单的柱状图并设置矩形条间距

将柱状图的 barGap 设置为'20%'，表示同一类目不同矩形条的间距为矩形条宽度的 20%；设置 barCategoryGap 为'40%'，表示同一系列不同矩形条的间距为矩形条宽度的 40%。

【代码编写】

```
option = {
  xAxis: {
    data: ['苹果', '梨子', '葡萄', '杧果', '桃子']
  },
  yAxis: {},
  series: [
    {
      type: 'bar',
      data: [23, 24, 18, 25, 18]
    },
    {
      type: 'bar',
      data: [12, 14, 9, 9, 11],
      barGap: '20%',
      barCategoryGap: '40%'
    }
  ]
};
```

【图表展示】

训练 3-5 对应的柱状图如图 3-5 所示。

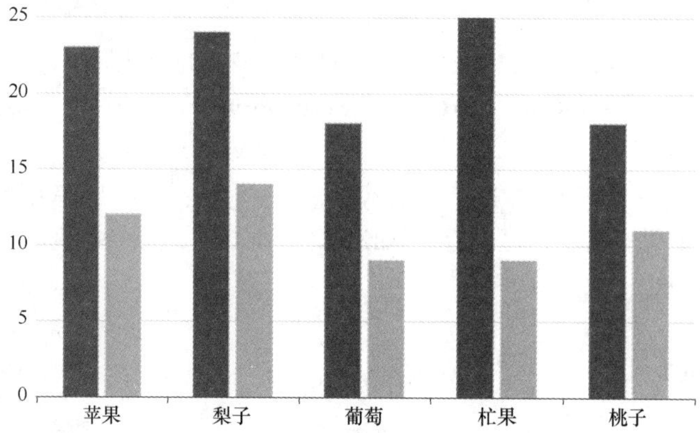

图 3-5　训练 3-5 对应的柱状图

4. 为矩形条添加背景色

从 ECharts 4.7.0 开始，可以简单地用 showBackground 为矩形条添加背景色，并且可以通过 backgroundStyle 配置背景色。

【引导训练】

【训练 3-6】在网页文件 test0306.html 中绘制简单的柱状图并为矩形条添加背景色

【代码编写】

```
option = {
  xAxis: {
    type: 'category',
    data: ['星期一', '星期二', '星期三', '星期四', '星期五', '星期六', '星期日']
  },
  yAxis: {
    type: 'value'
  },
  series: [
    {
      data: [120, 200, 150, 80, 70, 110, 130],
      type: 'bar',
      showBackground: true,
      backgroundStyle: {
        color: 'rgba(220, 220, 220, 0.8)'
      }
    }
  ]
};
```

【图表展示】

训练 3-6 对应的柱状图如图 3-6 所示。

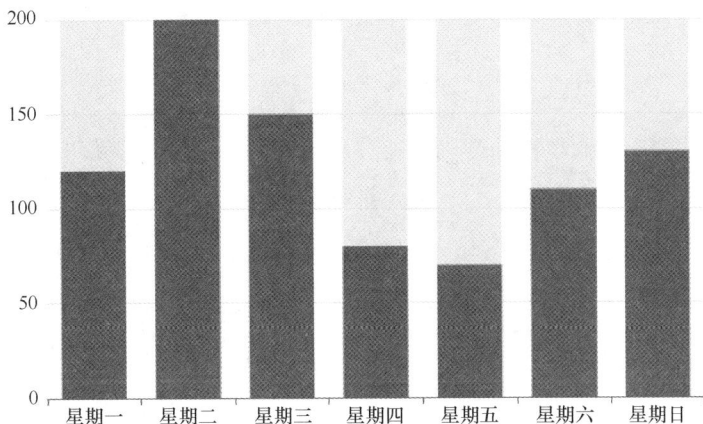

图 3-6　训练 3-6 对应的柱状图

3.2　绘制堆叠柱状图

　　有时不仅需要知道不同系列每个类目的数值，还需要知道不同类目总量的变化，通常使用堆叠柱状图来实现。顾名思义，堆叠柱状图就是通过将一个系列的数值"堆叠"在另一个系列的数值上，根据矩形条的总高度了解总量的变化。

　　使用 ECharts 实现堆叠柱状图的方法非常简单，只需要给系列的 stack 属性设置一个字符串类型的值，表示该系列的堆叠类别。也就是说，stack 属性值相同的系列将堆叠在一起。

　　stack 的取值用来表明哪些系列将被堆叠在一起，理论上只要取值相同即可，具体的取值并没有什么区别。但在实际应用中，为了方便阅读，建议使用有意义的字符串作为 stack 属性的值。例如，在一个统计男女人数的图表中有 4 个系列，"青年男性"和"中年男性"系列需要进行堆叠，"青年女性"和"中年女性"系列需要堆叠。这时，建议将它们的 stack 分别设为'男'和'女'。虽然使用'a'和'b'这样没有意义的字符串也能实现同样的效果，但是代码的可阅读性会变差。

【引导训练】

【训练 3-7】在网页文件 test0307.html 中绘制堆叠柱状图

【代码编写】

```
option = {
  xAxis: {
    data: ['苹果', '梨子', '葡萄', '柑果', '桃子']
  },
  yAxis: {},
  series: [
```

```
      {
        data: [10, 22, 28, 43, 49],
        type: 'bar',
        stack: 'x'
      },
      {
        data: [51, 42, 33, 54, 63],
        type: 'bar',
        stack: 'x'
      }
    ]
  };
```

【图表展示】

训练 3-7 对应的堆叠柱状图如图 3-7 所示。

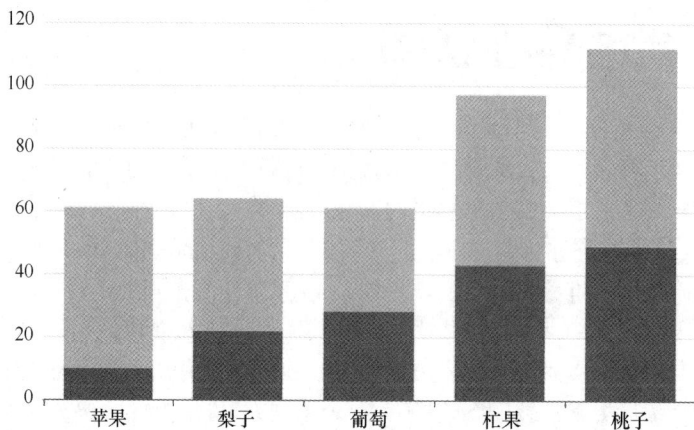

图 3-7　训练 3-7 对应的堆叠柱状图

在本示例中，第 2 个系列的矩形条放置在第 1 个系列的矩形条上。因此，根据矩形条整体的高度，可以知道类目总量的变化趋势。

3.3　绘制瀑布图

ECharts 没有提供瀑布图，但是可以使用堆叠柱状图模拟瀑布图的效果。

【引导训练】

【训练 3-8】在网页文件 test0308.html 中使用堆叠柱状图模拟瀑布图

假设有以下数值型数组，从第 2 个元素开始，每个元素都表示前一个数值的增减变化：

```
var data = [900, 345, 393, -108, -154, 135, 178, 286, -119, -361, -203];
```

Web 数据可视化教程（基于 ECharts）

也就是说，345 表示的是在 900 的基础上增加了 345……以瀑布图展示时，可以使用 3 个系列：第 1 个系列是不可交互的透明系列，用来实现"悬空"效果；第 2 个系列用来表示正数；第 3 个系列用来表示负数。

电子活页 3-2

【代码编写】

扫描二维码，浏览电子活页 3-2 中的内容，熟悉训练 3-8 的对应代码。

【图表展示】

训练 3-8 对应的瀑布图如图 3-8 所示。

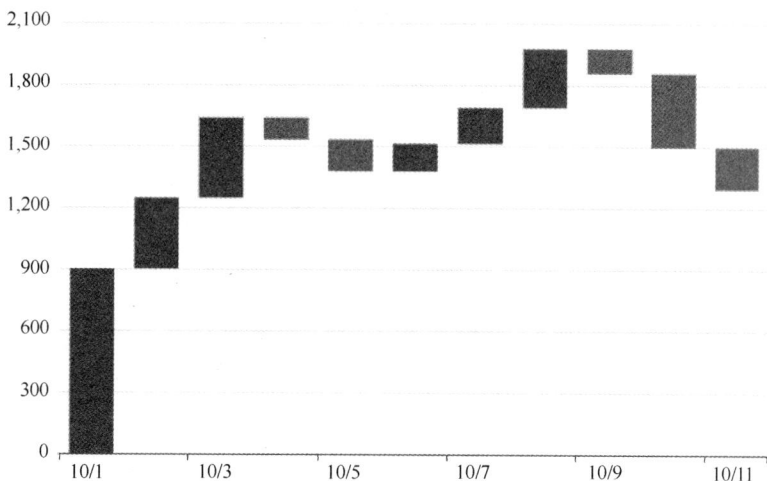

图 3-8 训练 3-8 对应的瀑布图

3.4 绘制动态排序柱状图

动态排序柱状图是一种展示随时间变化的数据排名变化的图表，从 ECharts 5.x 开始内置支持。动态排序柱状图通常采用横向的矩形条，如果想要采用纵向的矩形条，调换 x 轴和 y 轴的配置即可。

动态排序柱状图的相关参数设置及含义如下。

（1）柱状图系列的 realtimeSort 设置为 true，表示该系列启用动态排序效果。

（2）yAxis.inverse 设置为 true，表示 y 轴从下往上的数据按从小到大的顺序排列。

（3）yAxis.animationDuration 建议设置为 300，表示初始排序动画的时长为 300ms。

（4）yAxis.animationDurationUpdate 建议设置为 300，表示数据更新后排序动画的时长为 300ms。

（5）如果需要显示前 n 个数据的矩形条，应将 yAxis.max 设置为 $n-1$，否则显示所有矩形条。

（6）xAxis.max 建议设置为'dataMax'，表示用最大的数据作为 x 轴的最大值。

（7）如果需要实时改变标签，可以将 series.label.valueAnimation 设置为 true。

（8）animationDuration 设置为 0，表示无初始动画（如果需要初始动画，则将其设置为和

animationDurationUpdate 相同的值)。

（9）animationDurationUpdate 建议设置为 3000，表示数据每次更新时的动画时长为 3000ms，这一数值应与调用 setOption 改变数据的频率相同。以 animationDurationUpdate 的频率调用 setInterval，更新数据，显示下一个时间点对应的矩形条排序。

【引导训练】

【训练 3-9】在网页文件 test0309.html 中绘制动态排序柱状图

【代码编写】

```
var data = [];
for (let i = 0; i < 5; ++i) {
  data.push(Math.round(Math.random() * 200));
}

option = {
  xAxis: {
    max: 'dataMax'
  },
  yAxis: {
    type: 'category',
    data: ['苹果', '梨子', '葡萄', '杧果', '桃子'],
    inverse: true,
    animationDuration: 300,
    animationDurationUpdate: 300,
    max: 2   // 仅显示前 3 个数据的矩形条
  },
  series: [
    {
      realtimeSort: true,
      name: 'X',
      type: 'bar',
      data: data,
      label: {
        show: true,
        position: 'right',
        valueAnimation: true
      }
    }
  ],
```

```
legend: {
  show: true
},
animationDuration: 3000,
animationDurationUpdate: 3000,
animationEasing: 'linear',
animationEasingUpdate: 'linear'
};
function update() {
  var data = option.series[0].data;
  for (var i = 0; i < data.length; ++i) {
    if (Math.random() > 0.9) {
      data[i] += Math.round(Math.random() * 2000);
    } else {
      data[i] += Math.round(Math.random() * 200);
    }
  }
  myChart.setOption(option);
}

setInterval(function() {
  update();
}, 3000);
```

【图表展示】

训练 3-9 对应的动态排序柱状图如图 3-9 所示。

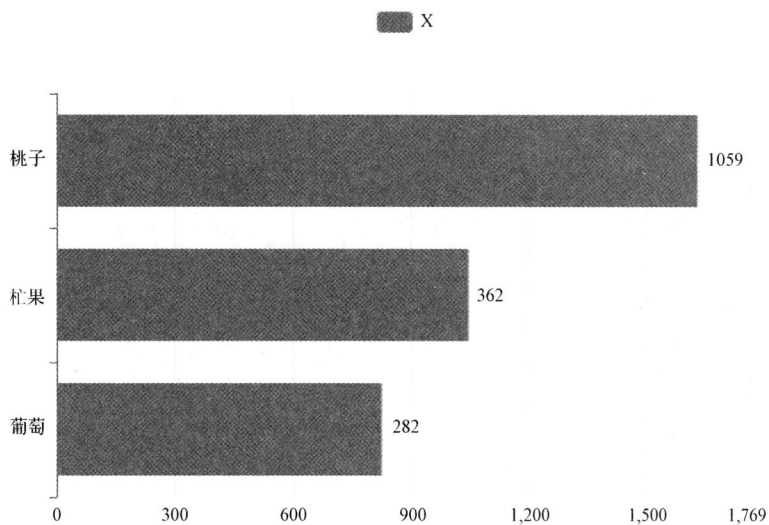

图 3-9 训练 3-9 对应的动态排序柱状图

3.5 绘制极坐标系下的堆叠柱状图

【训练 3-10】在网页文件 test0310.html 中绘制极坐标系下的堆叠柱状图

【代码编写】

```
option = {
 angleAxis: {},
 radiusAxis: {
  type: 'category',
  data: ['7月', '8月', '9月'],
  z: 10
 },
 polar: {},
 series: [
  {
   type: 'bar',
   data: [10, 20, 30],
   coordinateSystem: 'polar',
   name: '苹果',
   stack: 'a',
   emphasis: {
    focus: 'series'
   }
  },
  {
   type: 'bar',
   data: [20, 40, 60],
   coordinateSystem: 'polar',
   name: '梨子',
   stack: 'a',
   emphasis: {
    focus: 'series'
   }
  },
  {
   type: 'bar',
   data: [15, 25, 35],
   coordinateSystem: 'polar',
```

```
      name: '葡萄',
      stack: 'a',
      emphasis: {
        focus: 'series'
      }
    }
  ],
  legend: {
    show: true,
    data: ['苹果', '梨子', '葡萄']
  }
};
```

【图表展示】

训练 3-10 对应的堆叠柱状图如图 3-10 所示。

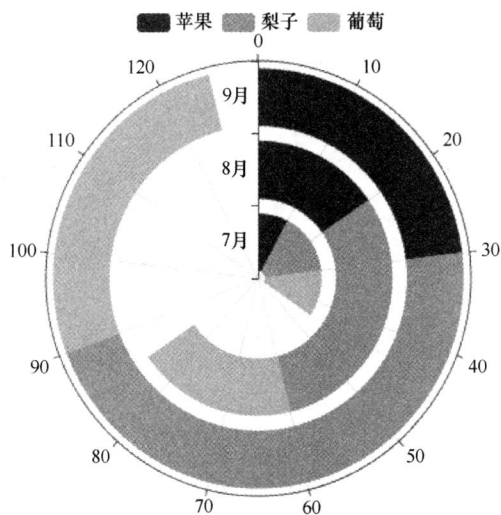

图 3-10　训练 3-10 对应的堆叠柱状图

3.6　绘制条形图

3.6.1　绘制基础条形图

【引导训练】

【训练 3-11】在网页文件 test0311.html 中绘制基础条形图

【代码编写】

```
option = {
```

```
title: {
  text: '销售金额'
},
tooltip: {
  trigger: 'axis',
  axisPointer: {
    type: 'shadow'
  }
},
legend: {},
grid: {
  left: '3%',
  right: '4%',
  bottom: '3%',
  containLabel: true
},
xAxis: {
  type: 'value',
  boundaryGap: [0, 0.01]
},
yAxis: {
  type: 'category',
  data: ['苹果', '梨子', '葡萄', '杧果', '猕猴桃', '桃子']
},
series: [
  {
    name: '7 月',
    type: 'bar',
    data: [8203, 3489, 9034, 4970, 1744, 3023]
  },
  {
    name: '8 月',
    type: 'bar',
    data: [9325, 3438, 3000, 2159, 4141, 3180]
  }
]
};
```

【图表展示】

训练 3-11 对应的条形图如图 3-11 所示。

销售金额

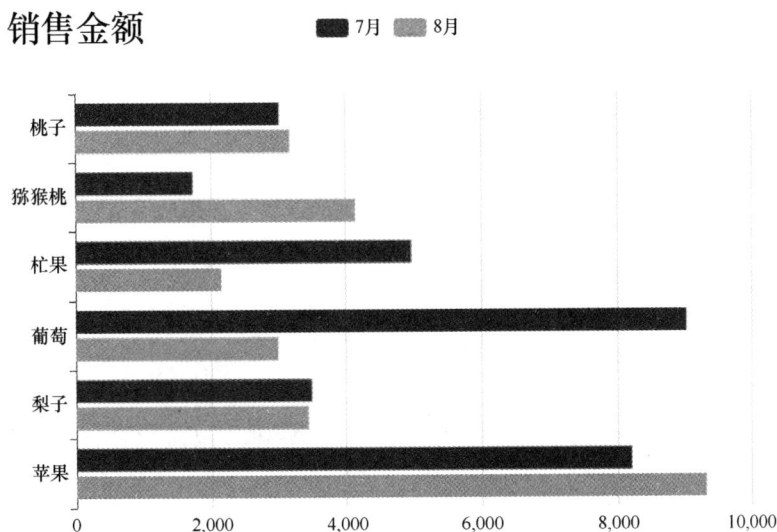

图 3-11 训练 3-11 对应的条形图

3.6.2 绘制正负条形图

【引导训练】

【训练 3-12】在网页文件 test0312.html 中绘制正负条形图

【代码编写】

```
option = {
  tooltip: {
    trigger: 'axis',
    axisPointer: {
      type: 'shadow'
    }
  },
  legend: {
    data: ['利润', '销售收入', '成本']
  },
  grid: {
    left: '3%',
    right: '4%',
    bottom: '3%',
    containLabel: true
  },
  xAxis: [
```

```
        {
          type: 'value'
        }
      ],
      yAxis: [
        {
          type: 'category',
          axisTick: {
            show: false
          },
          data: ['苹果', '梨子', '葡萄', '杧果', '猕猴桃', '桃子', '香蕉']
        }
      ],
      series: [
        {
          name: '利润',
          type: 'bar',
          label: {
            show: true,
            position: 'inside'
          },
          emphasis: {
            focus: 'series'
          },
          data: [200, 170, 240, 244, 200, 220, 210]
        },
        {
          name: '销售收入',
          type: 'bar',
          stack: 'Total',
          label: {
            show: true
          },
          emphasis: {
            focus: 'series'
          },
          data: [320, 302, 341, 374, 390, 450, 420]
        },
        {
          name: '成本',
```

```
        type: 'bar',
        stack: 'Total',
        label: {
          show: true,
          position: 'left'
        },
        emphasis: {
          focus: 'series'
        },
        data: [-120, -132, -101, -134, -190, -230, -210]
      }
    ]
};
```

【图表展示】

训练 3-12 对应的正负条形图如图 3-12 所示。

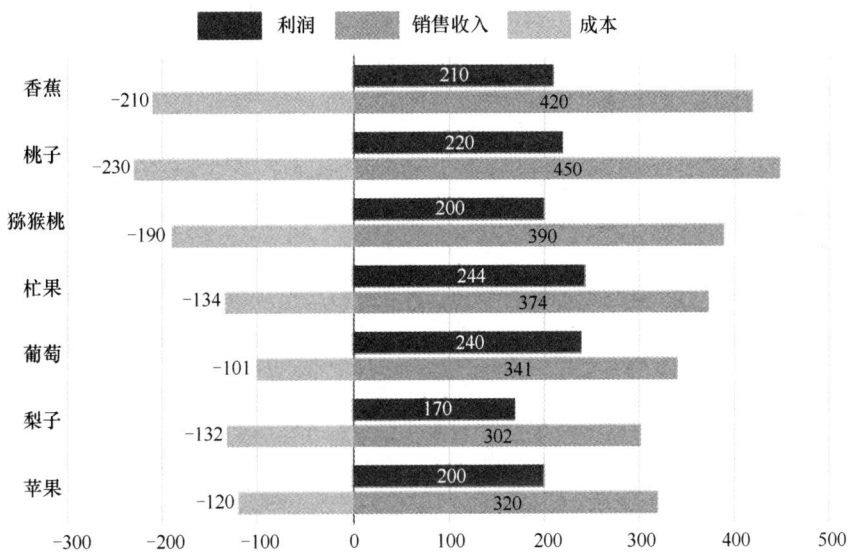

图 3-12　训练 3-12 对应的正负条形图

3.6.3　绘制堆叠条形图

【引导训练】

【训练 3-13】在网页文件 test0313.html 中绘制堆叠条形图

【代码编写】

```
option = {
```

```
tooltip: {
  trigger: 'axis',
  axisPointer: {
    type: 'shadow'
  }
},
legend: {},
grid: {
  left: '3%',
  right: '4%',
  bottom: '3%',
  containLabel: true
},
xAxis: {
  type: 'value'
},
yAxis: {
  type: 'category',
  data: ['星期一', '星期二', '星期三', '星期四', '星期五', '星期六', '星期日']
},
series: [
  {
    name: '苹果',
    type: 'bar',
    stack: 'total',
    label: {
      show: true
    },
    emphasis: {
      focus: 'series'
    },
    data: [320, 302, 301, 334, 390, 330, 320]
  },
  {
    name: '梨子',
    type: 'bar',
    stack: 'total',
    label: {
      show: true
```

```
    },
    emphasis: {
      focus: 'series'
    },
    data: [120, 132, 101, 134, 90, 230, 210]
  },
  {
    name: '葡萄',
    type: 'bar',
    stack: 'total',
    label: {
      show: true
    },
    emphasis: {
      focus: 'series'
    },
    data: [220, 182, 191, 234, 290, 330, 310]
  },
  {
    name: '杧果',
    type: 'bar',
    stack: 'total',
    label: {
      show: true
    },
    emphasis: {
      focus: 'series'
    },
    data: [150, 212, 201, 154, 190, 330, 410]
  },
  {
    name: '桃子',
    type: 'bar',
    stack: 'total',
    label: {
      show: true
    },
    emphasis: {
      focus: 'series'
```

```
        },
        data: [82, 83, 90, 93, 129, 133, 132]
    }
   ]
};
```

【图表展示】

训练 3-13 对应的堆叠条形图如图 3-13 所示。

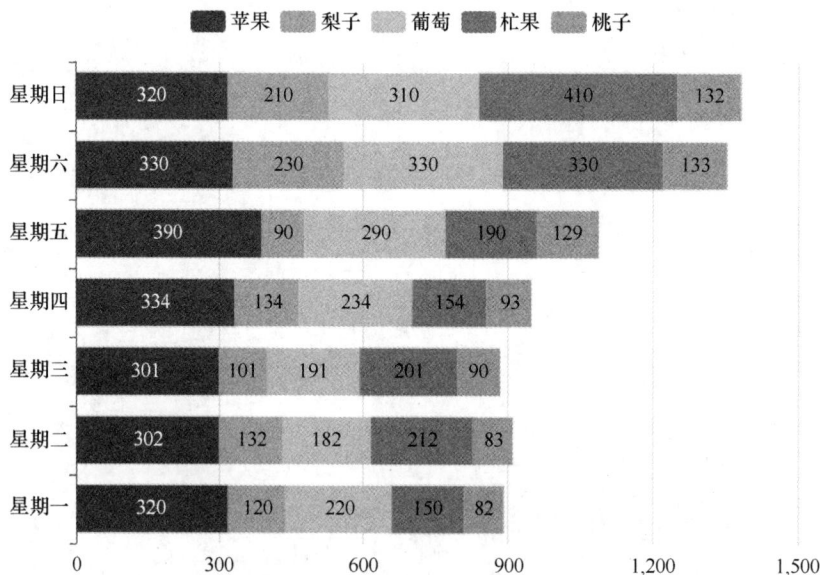

图 3-13 训练 3-13 对应的堆叠条形图

✂️【实战任务】

【任务 3-1】绘制城市一周气温变化柱状图

【任务描述】

（1）启动 Dreamweaver，创建网页 task0301.html，将该文件保存到本模块文件夹 Unit03 中。

（2）在网页 task0301.html 中绘制城市一周气温变化柱状图，并进行必要的属性设置。

【代码编写】

```
option = {
    title: {
        text: '一周气温变化柱状图',
        subtext: '长沙市 2024 年 9 月 30 日至 10 月 6 日一周气温变化',
        padding: [5,0,0,10],
    },
    tooltip: {
```

(基于 ECharts)

Web 数据可视化教程

132

```
        trigger: 'axis'},
    legend: {
        itemGap: 40,
        data: ['最高气温','最低气温']},
    calculable: true,
    xAxis : [{
            type: 'category',
            data: ['星期一','星期二','星期三','星期四','星期五','星期六','星期日']}],
    yAxis: [{
            type: 'value',
            axisLabel: {
                formatter: '{value} ℃'}}],
    series: [
        {
            name: '最高气温',
            type: 'bar',
            data: [33, 20, 24, 24, 26, 27, 27],
            markPoint: {
                data: [
                    {type: 'max', name: '最大值'}
                ]
            }
        },
        {
            name: '最低气温',
            type: 'bar',
            data: [18, 15, 17, 14, 18, 18, 17],
            markPoint: {
                data: [
                    {type: 'min', name: '周最低'}
                ]
            }
        }
    ]
};
```

【图表展示】

任务 3-1 对应的柱状图如图 3-14 所示。

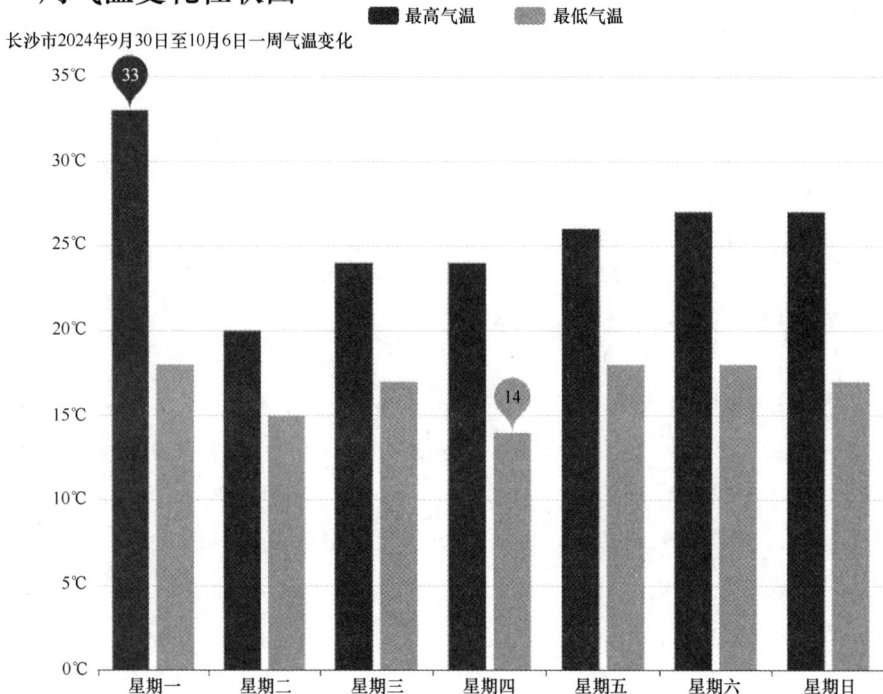

一周气温变化柱状图

长沙市2024年9月30日至10月6日一周气温变化

图 3-14 任务 3-1 对应的柱状图

【任务 3-2】绘制柱状图对比降水量与蒸发量

【任务描述】

（1）启动 Dreamweaver，创建网页 task0302.html，将该文件保存到本模块文件夹 Unit03 中。

（2）在网页 task0302.html 中绘制柱状图对比降水量与蒸发量，并进行必要的属性设置。

【代码编写】

```
option = {
  title: {
    text: '降水量对比蒸发量',
    subtext: '虚拟数据'
  },
  tooltip: {
    trigger: 'axis'
  },
  legend: {
    data: ['降水量', '蒸发量']
  },
  toolbox: {
    show: true,
    feature: {
```

```
      dataView: { show: true, readOnly: false },
      magicType: { show: true, type: ['line', 'bar'] },
      restore: { show: true },
      saveAsImage: { show: true }
    }
  },
  calculable: true,
  xAxis: [
    {
      type: 'category',
      data: [ '1月', '2月', '3月', '4月', '5月', '6月', '7月', '8月',
              '9月', '10月', '11月', '12月' ]
    }
  ],
  yAxis: [
    {
      type: 'value'
    }
  ],
  series: [
    {
      name: '降水量',
      type: 'bar',
      data: [
        2.0, 4.9, 7.0, 23.2, 25.6, 76.7, 135.6, 162.2, 32.6, 20.0, 6.4, 3.3
      ],
      markPoint: {
        data: [
          { type: 'max', name: 'Max' },
          { type: 'min', name: 'Min' }
        ]
      },
      markLine: {
        data: [{ type: 'average', name: 'Avg' }]
      }
    },
    {
      name: '蒸发量',
      type: 'bar',
```

```
    data: [
        2.6, 5.9, 9.0, 26.4, 28.7, 70.7, 175.6, 182.2, 48.7, 18.8, 6.0, 2.3
    ],
    markPoint: {
        data: [
            { name: 'Max', value: 182.2, xAxis: 7, yAxis: 183 },
            { name: 'Min', value: 2.3, xAxis: 11, yAxis: 3 }
        ]
    },
    markLine: {
        data: [{ type: 'average', name: 'Avg' }]
    }
    }
    ]
};
```

【图表展示】

任务 3-2 对应的柱状图如图 3-15 所示。

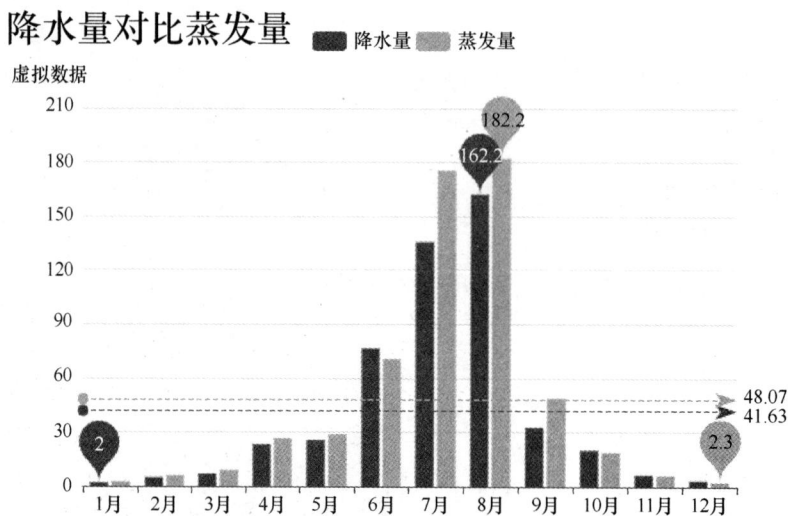

图 3-15　任务 3-2 对应的柱状图

【任务 3-3】绘制柱状图统计天气数据

【任务描述】

（1）启动 Dreamweaver，创建网页 task0303.html，将该文件保存到本模块文件夹 Unit03 中。

（2）在网页 task0303.html 中绘制柱状图统计天气数据，并进行必要的属性设置。

电子活页 3-3

【代码编写】

扫描二维码，浏览电子活页 3-3 中的内容，熟悉任务 3-3 的对应代码。

【图表展示】

任务 3-3 对应的柱状图如图 3-16 所示。

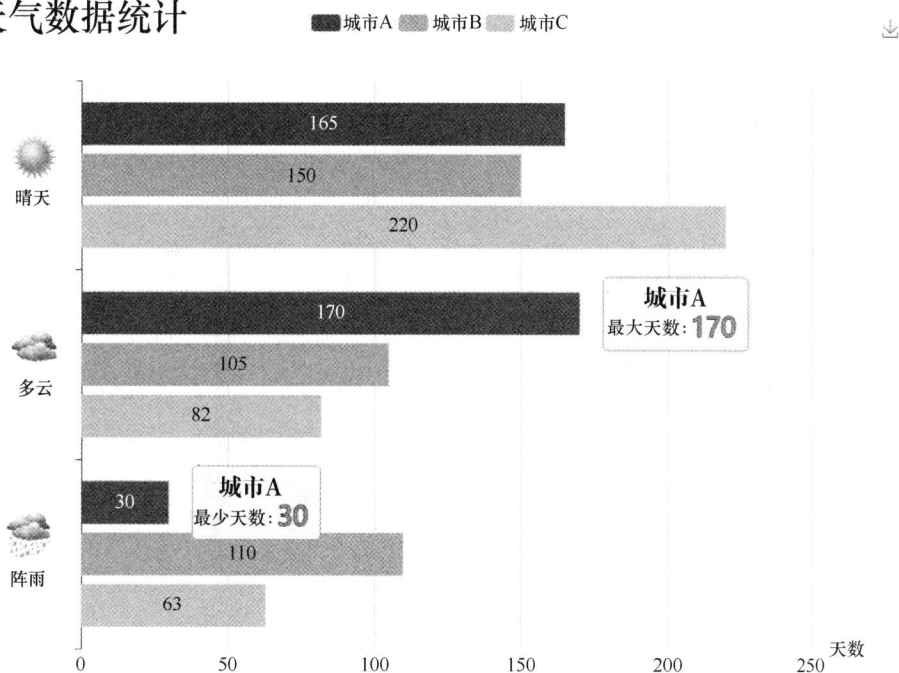

图 3-16　任务 3-3 对应的柱状图

【任务 3-4】绘制柱状图展示蒸发量、降水量和温度之间的关系

【任务描述】

（1）启动 Dreamweaver，创建网页 task0304.html，将该文件保存到本模块文件夹 Unit03 中。

（2）在网页 task0304.html 中绘制柱状图展示蒸发量、降水量和温度之间的关系，并进行必要的属性设置。

【代码编写】

```
const colors = ['#5470C6', '#91CC75', '#EE6666'];
option = {
    color: colors,
    // 配置提示框组件
    tooltip: {
        trigger: 'axis',
        axisPointer: {
            type: 'cross'
```

```
    }
  },
  grid: {
    right: '20%'
  },
  // 配置工具栏组件
  toolbox: {
    show: true,
    feature: {
      dataView: { show: true, readOnly: false },
      restore: { show: true },
      saveAsImage: { show: true }
    }
  },
  // 配置图例组件
  legend: {
    data: ['蒸发量', '降水量', '气温']
  },
  // 配置 x 轴
  xAxis: [
    {
      // 指定 x 轴上的类目数据及格式
      type: 'category',
      axisTick: {
        alignWithLabel: true
      },
      data: ['1月', '2月', '3月', '4月', '5月', '6月', '7月',
        '8月', '9月', '10月', '11月', '12月']
    }
  ],
  yAxis: [
    {
      type: 'value',
      name: '蒸发量',
      position: 'right',
      alignTicks: true,
      axisLine: {
        show: true,
        lineStyle: {
          color: colors[0]
```

```
      }
    },
    axisLabel: {
      formatter: '{value} mm'
    }
  },
  {
    type: 'value',
    name: '降水量',
    position: 'right',
    alignTicks: true,
    offset: 80,
    axisLine: {
      show: true,
      lineStyle: {
        color: colors[1]
      }
    },
    axisLabel: {
      formatter: '{value} mm'
    }
  },
  {
    type: 'value',
    name: '温度',
    position: 'left',
    alignTicks: true,
    axisLine: {
      show: true,
      lineStyle: {
        color: colors[2]
      }
    },
    axisLabel: {
      formatter: '{value} ℃'
    }
  }
],
series: [
```

```
{
    name: '蒸发量',
    type: 'bar',
    data: [
        2.0, 4.9, 7.0, 23.2, 25.6, 76.7, 135.6, 162.2, 32.6, 20.0, 6.4, 3.3
    ]
},
{
    name: '降水量',
    type: 'bar',
    yAxisIndex: 1,
    data: [
        2.6, 5.9, 9.0, 26.4, 28.7, 70.7, 175.6, 182.2, 48.7, 18.8, 6.0, 2.3
    ]
},
{
    name: '气温',
    type: 'line',
    yAxisIndex: 2,
    data: [2.0, 2.2, 3.3, 4.5, 6.3, 10.2, 20.3, 23.4, 23.0, 16.5, 12.0, 6.2]
}
]
};
```

【图表展示】

任务 3-4 对应的柱状图如图 3-17 所示。

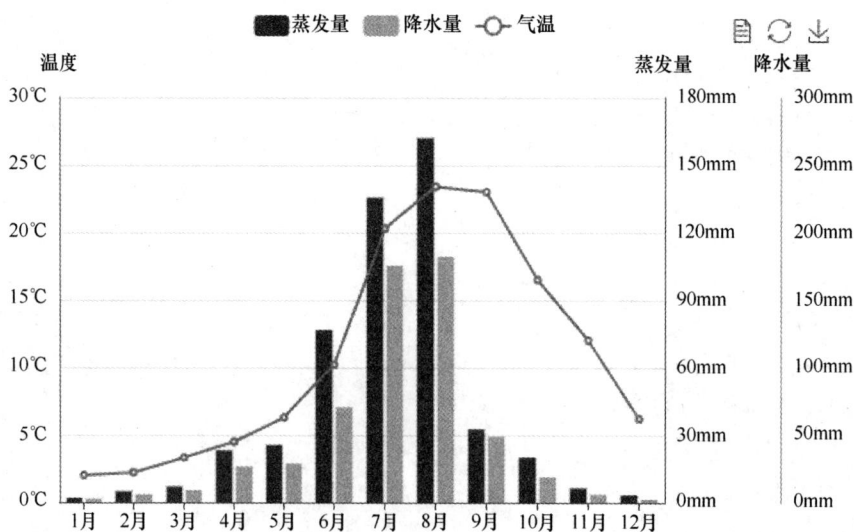

图 3-17　任务 3-4 对应的柱状图

【任务 3-5】绘制条形图对比部分省市的地区生产总值

【任务描述】

（1）启动 Dreamweaver，创建网页 task0305.html，将该文件保存到本模块文件夹 Unit03 中。

（2）在网页 task0305.html 中绘制条形图对比部分省市的地区生产总值，并进行必要的属性设置。

【代码编写】

```
option = {
  title: {
    text: '地区生产总值（亿元）'
  },
  tooltip: {
    trigger: 'axis',
    axisPointer: {
      type: 'shadow'
    }
  },
  legend: {},
  grid: {
    left: '3%',
    right: '4%',
    bottom: '3%',
    containLabel: true
  },
  xAxis: {
    type: 'value',
    boundaryGap: [0, 0.01]
  },
  yAxis: {
    type: 'category',
    data: ['北京市', '天津市', '上海市', '重庆市', '广东省', '江苏省','浙江省','山东省']
  },
  series: [
    {
      name: '2022',
      type: 'bar',
      data: [41540.9, 16132.2, 44809.1, 28576.1, 129513.6, 122089.3, 78060.6, 87576.9]
```

```
      },
      {
        name: '2023',
        type: 'bar',
        data: [43760.7, 16737.3, 47218.7, 30145.8, 135673.2, 128222.2, 82553.2,
92068.7]
      }
    ]
};
```

【图表展示】

任务 3-5 对应的条形图如图 3-18 所示。

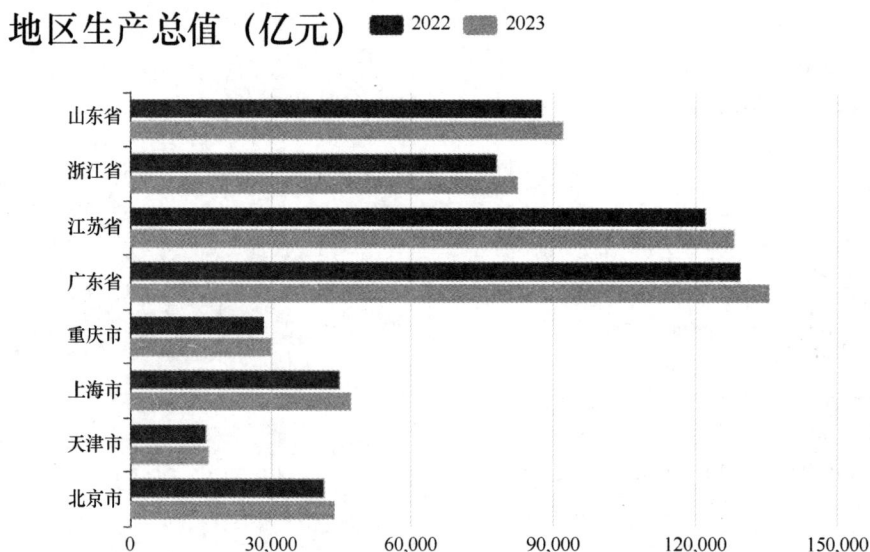

图 3-18　任务 3-5 对应的条形图

【任务 3-6】绘制动态柱状图与折线图

【任务描述】

（1）启动 Dreamweaver，创建网页 task0306.html，将该文件保存到本模块文件夹 Unit03 中。

（2）在网页 task0306.html 中绘制动态柱状图与折线图，并进行必要的属性设置。

【代码编写】

扫描二维码，浏览电子活页 3-4 中的内容，熟悉任务 3-6 的对应代码。

电子活页 3-4

【图表展示】

任务 3-6 对应的动态柱状图与折线图如图 3-19 所示。

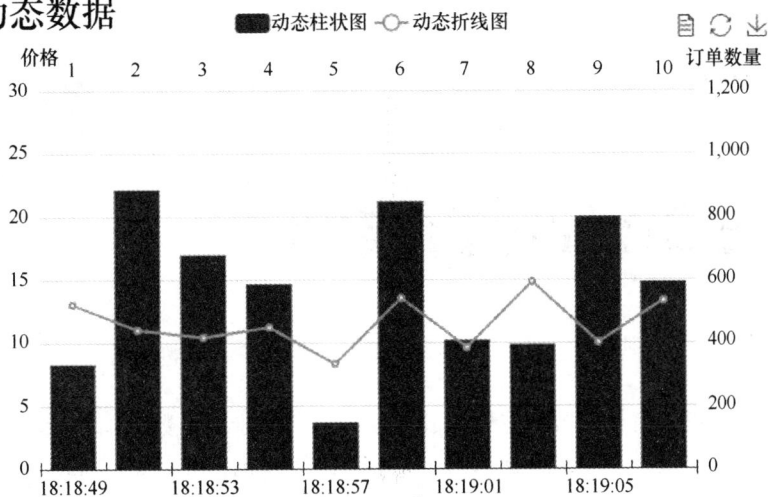

图 3-19 任务 3-6 对应的动态柱状图与折线图

模块 04

绘制ECharts折线图

折线图是用折线将各个数据点连接起来的图表，用于展示数据项随着时间推移的趋势或变化，可用于直角坐标系和极坐标系上。其主要配置项包括 xAxis、yAxis、series 等。

电子活页 4-1

通过设置 areaStyle 属性，可以绘制区域面积图，配合分段型 visualMap 组件，能够用不同的颜色区分基础折线图/区域面积图的不同区间。

扫描二维码，浏览电子活页 4-1 中的内容，熟悉 ECharts 折线图的主要属性及其设置。

4.1 绘制基础折线图

4.1.1 绘制简单的折线图

绘制一个水平轴是类目轴、垂直轴是数值轴的折线图。

【引导训练】

【训练 4-1】在网页文件 test0401.html 中绘制简单的折线图

【代码编写】

```
<!doctype html>
<html>
<head>
    <meta charset="utf-8">
    <title>ECharts 图表示例</title>
    <!-- 引入 ECharts 文件 -->
    <script src="../ECharts/echarts.min.js"></script>
</head>
<body>
  <!-- 为 ECharts 准备一个定义了宽度和高度的 DOM -->
```

```
<div id="main" style="width:600px;height:400px;"></div>
<script type="text/javascript">
  // 基于准备好的 DOM 初始化 ECharts 实例
  var chartDom = document.getElementById('main');
  var myChart = echarts.init(chartDom);
  var option;
  // 指定图表的配置项和数据
  option = {
    xAxis: {
      type: 'category',
      data: ['苹果', '梨子', '葡萄', '杧果']
    },
    yAxis: {
      type: 'value'
    },
    series: [
      {
        data: [120, 200, 150, 185],
        type: 'line'
      }
    ]
  };
  // 显示图表
  myChart.setOption(option);
</script>
</body>
</html>
```

【代码解读】

本示例中，通过 xAxis 将水平轴设为类目轴，并指定了对应的数据；通过 yAxis 将垂直轴设定为数值轴。在 series 中，将 type 设置为'line'，并且通过 data 指定折线图 4 个点的取值，就能得到一个简单的折线图。

这里 xAxis 和 yAxis 的 type 属性都可以不设置。因为坐标轴默认为数值轴，而 xAxis 指定了类目型的 data，ECharts 能识别出这是类目轴。为了更容易理解，代码中特意标明了 type。在实际应用中，如果是'value'类型，可以省略不写。

【重要说明】

这里给出了训练 4-1 的完整代码，本书其余的各个示例或任务将只给出图表的配置项和数据对应的代码，引入 ECharts 文件、为 ECharts 准备一个定义了宽度和高度的 DOM、基于准备好的 DOM 初始化 ECharts 实例、显示图表等方面的代码与本示例的相同，不再重复说明。

【图表展示】

训练 4-1 对应的折线图如图 4-1 所示。

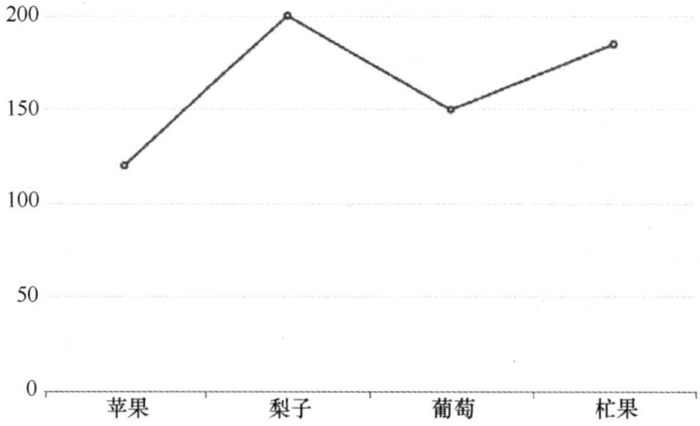

图 4-1 训练 4-1 对应的折线图

4.1.2 设置折线图样式

1. 设置折线的样式

可以通过 series.lineStyle 设置折线图中折线的样式，包括颜色、线宽、折线类型、阴影、不透明度等。

【引导训练】

【训练 4-2】在网页文件 test0402.html 中绘制简单的折线图并设置折线的样式

绘制简单的折线图，并且设置折线的颜色（color）、线宽（width）和折线类型（type）。

【代码编写】

```
option = {
  xAxis: {
    data: ['苹果', '梨子', '葡萄', '杧果', '桃子']
  },
  yAxis: {},
  series: [
    {
      data: [10, 22, 28, 23, 19],
      type: 'line',
      lineStyle: {
        normal: {
          color: 'green',
          width: 4,
          type: 'dashed'
        }
      }
    }
```

```
    }
  ]
};
```

【图表展示】

训练 4-2 对应的折线图如图 4-2 所示。

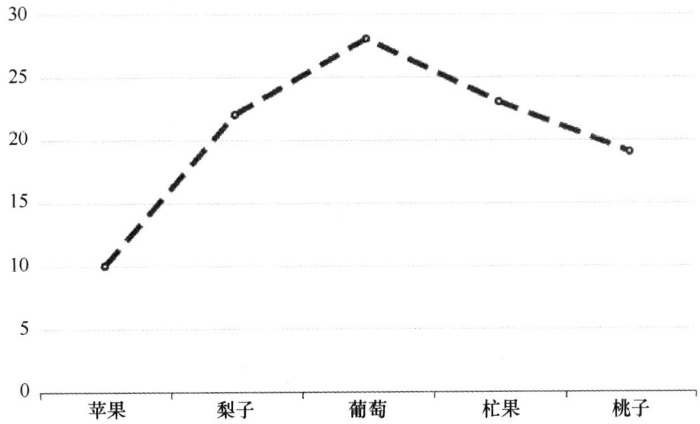

图 4-2　训练 4-2 对应的折线图

2. 设置数据点的样式

可以通过 series.itemStyle 设置数据点的样式，包括填充颜色（color）、描边颜色（borderColor）、描边宽度（borderWidth）、描边类型（borderType）、阴影颜色（shadowColor）、不透明度（opacity）等。

4.1.3　在折线图的数据点处显示数值

数据点的标签通过 series.label 属性设置。如果将 series.label.show 设置为 true，则表示默认显示数值；如果 series.label.show 为 false，而 series.emphasis.label.show 为 true，则表示只有在鼠标指针移动到数据点上时才显示数值。

【引导训练】

【训练 4-3】在网页文件 test0403.html 中绘制折线图并且在数据点处显示数值

【代码编写】

```
option = {
  xAxis: {
    data: ['苹果', '梨子', '葡萄', '杜果', '桃子']
  },
  yAxis: {},
  series: [
```

```
    {
      data: [10, 22, 28, 23, 19],
      type: 'line',
      label: {
        show: true,
        position: 'bottom',
        textStyle: {
          fontSize: 10
        }
      }
    }
  ]
};
```

【图表展示】

训练 4-3 对应的折线图如图 4-3 所示。

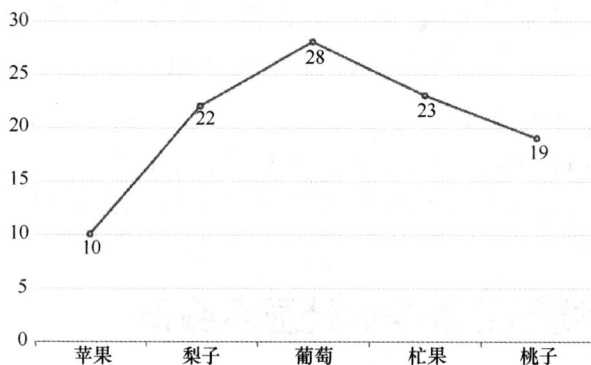

图 4-3　训练 4-3 对应的折线图

4.1.4　绘制包含空数据的折线图

在某些情况下，可能一个横坐标对应的取值为空，将其设置为 0，可能会造成图表显示不准确，因为空数据不应与其左右的有效数据连接。

在 ECharts 中，可以使用字符串'-'表示空数据。

【引导训练】

【训练 4-4】在网页文件 test0404.html 中绘制包含空数据的折线图

【代码编写】

```
option = {
  xAxis: {
    data: ['苹果', '梨子', '葡萄', '杜果', '桃子']
```

```
  },
  yAxis: {},
  series: [
    {
      data: [0, 22, '-', 23, 19],
      type: 'line'
    }
  ]
};
```

注意：在本示例中，要区分空数据与 0。

【图表展示】

训练 4-4 对应的折线图如图 4-4 所示。

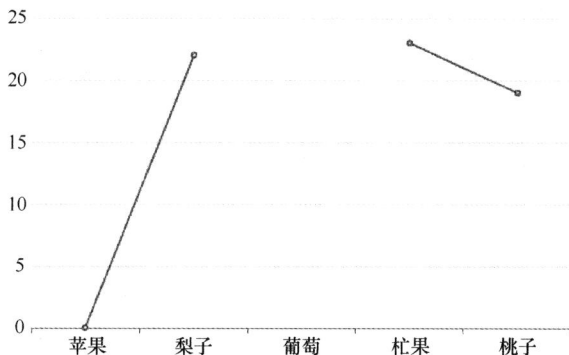

图 4-4　训练 4-4 对应的折线图

4.2　绘制堆叠折线图

与堆叠柱状图类似，堆叠折线图也是由 series 的 stack 属性决定将哪些数据堆叠在一起。

【引导训练】

【训练 4-5】在网页文件 test0405.html 中绘制堆叠折线图

【代码编写】

```
option = {
  xAxis: {
    data: ['苹果', '梨子', '葡萄', '杧果', '桃子']
  },
  yAxis: {},
  series: [
    {
      data: [10, 22, 28, 43, 49],
```

```
      type: 'line',
      stack: 'x'
    },
    {
      data: [5, 4, 3, 5, 10],
      type: 'line',
      stack: 'x'
    }
  ]
};
```

【图表展示】

训练 4-5 对应的堆叠折线图如图 4-5 所示。

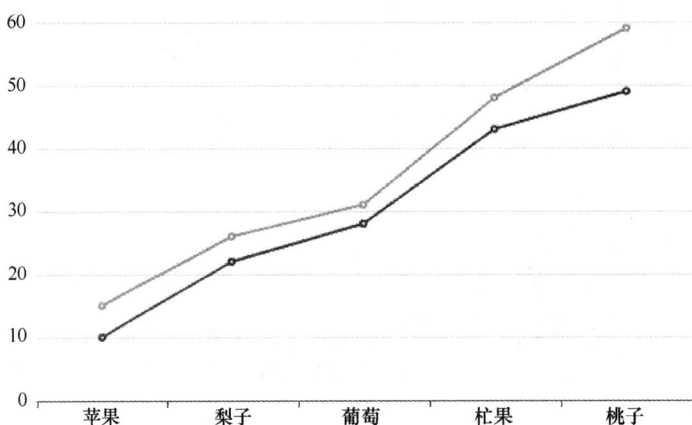

图 4-5　训练 4-5 对应的堆叠折线图

如果不加以说明，很难判断这是一个堆叠折线图还是基础折线图。所以，一般建议使用区域填充色以表明堆叠折线图的堆叠情况。

✂【引导训练】

【训练 4-6】在网页文件 test0406.html 中绘制以区域填充色表明堆叠情况的堆叠折线图

【代码编写】

```
option = {
  xAxis: {
    data: ['苹果', '梨子', '葡萄', '杜果', '桃子']
  },
  yAxis: {},
  series: [
```

```
    {
      data: [10, 22, 28, 43, 49],
      type: 'line',
      stack: 'x',
      areaStyle: {}
    },
    {
      data: [5, 4, 3, 5, 10],
      type: 'line',
      stack: 'x',
      areaStyle: {}
    }
  ]
};
```

【图表展示】

训练 4-6 对应的堆叠折线图如图 4-6 所示。

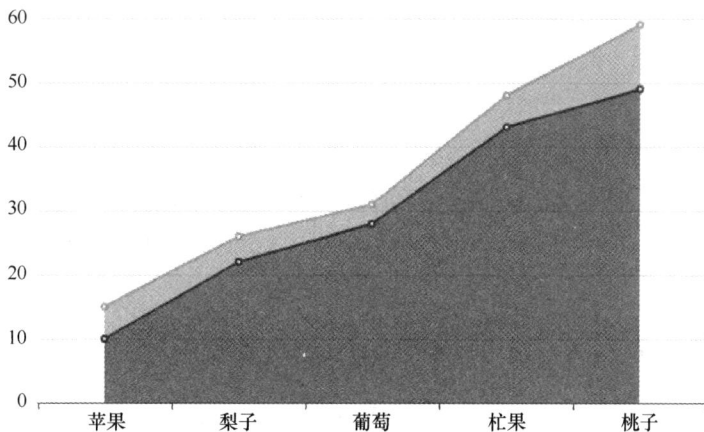

图 4-6　训练 4-6 对应的堆叠折线图

4.3　绘制区域面积折线图

区域面积折线图指为折线到坐标轴的空间填充背景色，用区域面积表现数据。相比基础折线图，区域面积折线图的视觉效果更加饱满、丰富，尤其适用于数据不多的场景。

【引导训练】

【训练 4-7】在网页文件 test0407.html 中绘制区域面积折线图

【代码编写】

```
option = {
```

```
xAxis: {
  data: ['苹果', '梨子', '葡萄', '杜果', '桃子']
},
yAxis: {},
series: [
  {
    data: [10, 22, 28, 23, 19],
    type: 'line',
    areaStyle: {}
  },
  {
    data: [25, 14, 23, 35, 10],
    type: 'line',
    areaStyle: {
      color: '#ff0',
      opacity: 0.5
    }
  }
]
};
```

【代码解读】

通过 areaStyle 设置区域面积折线图填充区域的样式，{}表示使用默认样式，即使用系列的颜色以半透明的方式填充区域。如果想指定特定的样式，可以在 areaStyle 中设置，这里将第 2 个系列填充区域的颜色设置为不透明度为 0.5 的黄色。

【图表展示】

训练 4-7 对应的区域面积折线图如图 4-7 所示。

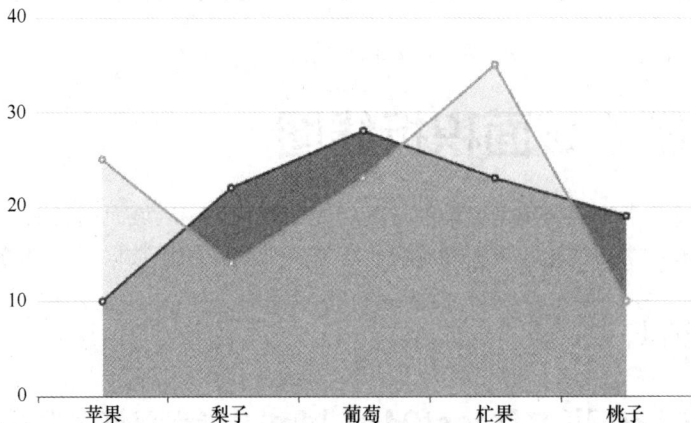

图 4-7　训练 4-7 对应的区域面积折线图

4.4 绘制平滑折线图

平滑折线图是折线图的一种变形，它的样式更加柔和。要绘制平滑折线图，只需将折线图的 series.smooth 属性设置为 true。

✕ 【引导训练】

【训练 4-8】在网页文件 test0408.html 中绘制平滑折线图

【代码编写】

```
option = {
  xAxis: {
    data: ['苹果', '梨子', '葡萄', '杜果', '桃子']
  },
  yAxis: {},
  series: [
    {
      data: [10, 22, 28, 23, 19],
      type: 'line',
      smooth: true
    }
  ]
};
```

【图表展示】

训练 4-8 对应的平滑折线图如图 4-8 所示。

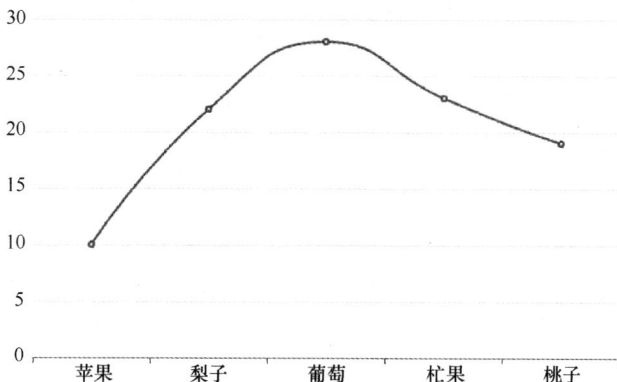

图 4-8 训练 4-8 对应的平滑折线图

4.5 绘制阶梯折线图

阶梯折线图又称方波图，它使用水平和垂直的线来连接相邻数据点，基础折线图则是直接将数据点连接起来。阶梯折线图能够很好地展现数据的突变。

在 ECharts 中，series.step 属性用于设置阶梯折线图的连接类型，它共有'start'、'middle'和'end'3 种取值，分别表示在当前点、当前点与下个点的中点、下个点拐弯。

【引导训练】

【训练 4-9】在网页文件 test0409.html 中绘制阶梯折线图

【代码编写】

```
option = {
  xAxis: {
    type: 'category',
    data: ['星期一', '星期二', '星期三', '星期四', '星期五', '星期六', '星期日']
  },
  yAxis: {
    type: 'value'
  },
  series: [
    {
      name: 'Step Start',
      type: 'line',
      step: 'start',
      data: [120, 132, 101, 134, 90, 230, 210]
    },
    {
      name: 'Step Middle',
      type: 'line',
      step: 'middle',
      data: [220, 282, 201, 234, 290, 430, 410]
    },
    {
      name: 'Step End',
      type: 'line',
      step: 'end',
      data: [450, 432, 401, 454, 590, 530, 510]
    }
  ]
};
```

注意：本示例中不同的 step 取值对应的数据点和连线的区别。

【图表展示】

训练 4-9 对应的阶梯折线图如图 4-9 所示。

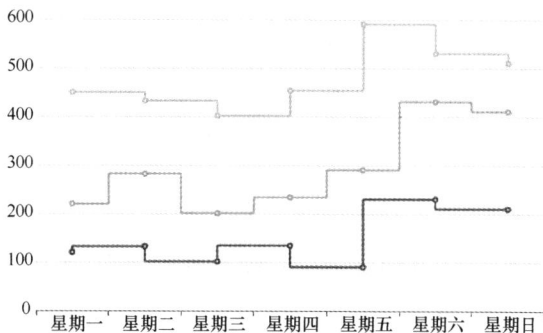

图 4-9　训练 4-9 对应的阶梯折线图

⚒ 【实战任务】

【任务 4-1】绘制销量折线图分析促销措施对商品销量的影响

【任务描述】

（1）启动 Dreamweaver，创建网页 task0401.html，将该文件保存到本模块文件夹 Unit04 中。

（2）在网页 task0401.html 中绘制销量折线图分析促销措施对商品销量的影响，并进行必要的属性设置。

【代码编写】

```
option = {
    color: ['pink', 'blue', 'green', 'skyblue', 'red'],
    title: {
        text: '折线图'
    },
    tooltip: {
        trigger: 'axis'
    },
    legend: {
        data: ['无促销活动','品牌联合促销', '节假日促销', '门店特别促销' ]
    },
    grid: {
        left: '3%',
        right: '3%',
        bottom: '3%',
        // 如果 left、right 等设置为 0%，刻度标签就溢出了
        // 当刻度标签溢出的时候，containLabel 决定 grid 区域是否显示这些刻度标签
        // 如果为 true，则显示刻度标签
        containLabel: true
    },
    toolbox: {
```

```
        feature: {
            saveAsImage: {}
        }
    },
    xAxis: {
        type: 'category',
        // 坐标轴两边不留白，刻度仅作为分隔线，标签和数据点与刻度线对齐
        boundaryGap: false,
        data: ['星期一', '星期二', '星期三', '星期四', '星期五', '星期六', '星期日']
    },
    yAxis: {
        type: 'value'
    },
    series: [
        {
            name: '无促销活动',
            // 图表类型是折线图
            type: 'line',
            data: [120, 132, 101, 134, 90, 230, 210]
        },
        {
            name: '品牌联合促销',
            type: 'line',
            data: [220, 182, 191, 234, 290, 330, 310]
        },
        {
            name: '节假日促销',
            type: 'line',
            data: [150, 232, 201, 154, 190, 330, 410]
        },
        {
            name: '门店特别促销',
            type: 'line',
            data: [320, 332, 301, 334, 390, 330, 320]
        }
    ]
};
```

【图表展示】

任务 4-1 对应的折线图如图 4-10 所示。

折线图　─○─无促销活动　-○-品牌联合促销　-○-节假日促销　-○-门店特别促销

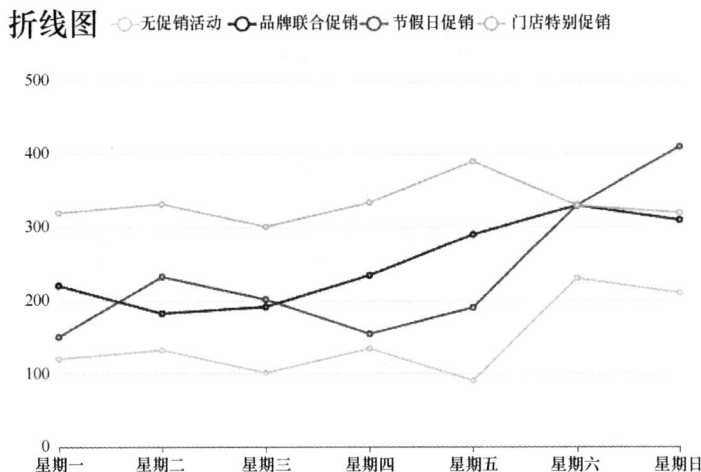

图 4-10　任务 4-1 对应的折线图

【任务 4-2】绘制城市一周气温变化折线图

【任务描述】

（1）启动 Dreamweaver，创建网页 task0402.html，将该文件保存到本模块文件夹 Unit04 中。

（2）在网页 task0402.html 中绘制城市一周气温变化折线图，并进行必要的属性设置。

电子活页 4-2

【代码编写】

扫描二维码，浏览电子活页 4-2 中的内容，熟悉任务 4-2 的对应代码。

【图表展示】

任务 4-2 对应的折线图如图 4-11 所示。

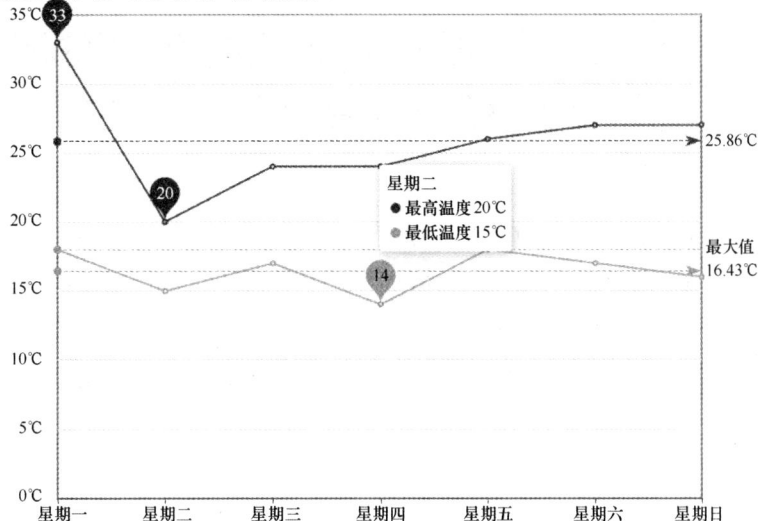

图 4-11　任务 4-2 对应的折线图

【任务 4-3】绘制一天用电量分布图

【任务描述】

（1）启动 Dreamweaver，创建网页 task0403.html，将该文件保存到本模块文件夹 Unit04 中。

（2）在网页 task0403.html 中绘制一天用电量分布图，并进行必要的属性设置。

电子活页 4-3

【代码编写】

扫描二维码，浏览电子活页 4-3 中的内容，熟悉任务 4-3 的对应代码。

【图表展示】

任务 4-3 对应的折线图如图 4-12 所示。

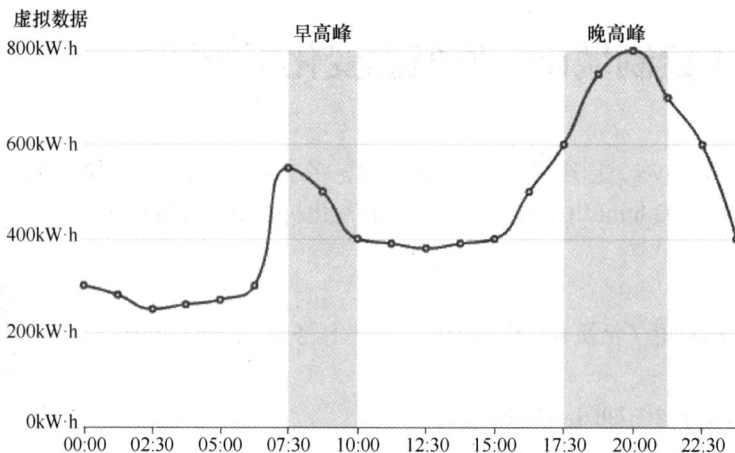

图 4-12　任务 4-3 对应的折线图

【任务 4-4】绘制长沙市空气质量指数变化折线图，对比分析 10 月 15 天的空气质量指数变化

【任务描述】

（1）启动 Dreamweaver，创建网页 task0404.html，将该文件保存到本模块文件夹 Unit04 中。

（2）在网页 task0404.html 中绘制长沙市空气质量指数变化折线图，对比分析 10 月 15 天的空气质量指数变化，并进行必要的属性设置。

【代码编写】

```
const colors = ['#5470C6', '#EE6666'];
option = {
  color: colors,
  tooltip: {
    trigger: 'none',
```

```
        axisPointer: {
          type: 'cross'
        }
      },
      legend: {},
      grid: {
        top: 70,
        bottom: 50
      },
      xAxis: [
        {
          type: 'category',
          axisTick: {
            alignWithLabel: true
          },
          axisLine: {
            onZero: false,
            lineStyle: {
              color: colors[1]
            }
          },
          axisPointer: {
            label: {
              formatter: function (params) {
                return (
                  'AQI ' +
                  params.value +
                  (params.seriesData.length ? ': ' + params.seriesData[0].data : '')
                );
              }
            }
          },
          data: ['2023-10-1', '2023-10-2', '2023-10-3', '2023-10-4', '2023-10-5',
            '2023-10-6', '2023-10-7', '2023-10-8', '2023-10-9', '2023-10-10',
            '2023-10-11', '2023-10-12', '2023-10-13', '2023-10-14', '2023-10-15']
        },
        {
          type: 'category',
          axisTick: {
            alignWithLabel: true
```

```
      },
      axisLine: {
        onZero: false,
        lineStyle: {
          color: colors[0]
        }
      },
      axisPointer: {
        label: {
          formatter: function (params) {
            return (
              'AQI ' +
              params.value +
              (params.seriesData.length ? ': ' + params.seriesData[0].data : '')
            );
          }
        }
      },
      data: ['2024-10-1', '2024-10-2', '2024-10-3', '2024-10-4', '2024-10-5',
        '2024-10-6', '2024-10-7', '2024-10-8', '2024-10-9', '2024-10-10',
        '2024-10-11', '2024-10-12', '2024-10-13', '2024-10-14', '2024-10-15']
    }
  ],
  yAxis: [
    {
      type: 'value'
    }
  ],
  series: [
    {
      name: '空气质量指数（2023 年 10 月）',
      type: 'line',
      xAxisIndex: 1,
      smooth: true,
      emphasis: {
        focus: 'series'
      },
      data: [
        35, 36, 19, 31, 29, 54, 36, 42, 40, 46, 57, 72, 80, 57, 73 ]
    },
```

```
{
    name: '空气质量指数（2024年10月）',
    type: 'line',
    smooth: true,
    emphasis: {
        focus: 'series'
    },
    data: [
        37, 67, 61, 65, 62, 96, 63, 45, 61, 86, 91, 141, 178, 53, 76 ]
    }
  ]
};
```

【图表展示】

任务 4-4 对应的折线图如图 4-13 所示。

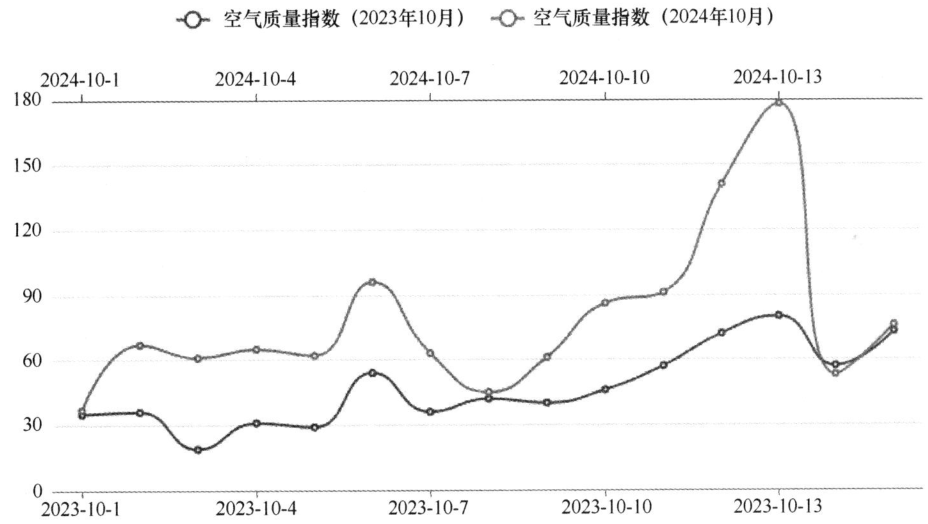

图 4-13　任务 4-4 对应的折线图

【任务 4-5】绘制函数图形

【任务描述】

（1）启动 Dreamweaver，创建网页 task0405.html，将该文件保存到本模块文件夹 Unit04 中。

（2）在网页 task0405.html 中绘制函数图形，并进行必要的属性设置。

【代码编写】

扫描二维码，浏览电子活页 4-4 中的内容，熟悉任务 4-5 的对应代码。

【图表展示】

任务 4-5 对应的函数图形如图 4-14 所示。

电子活页 4-4

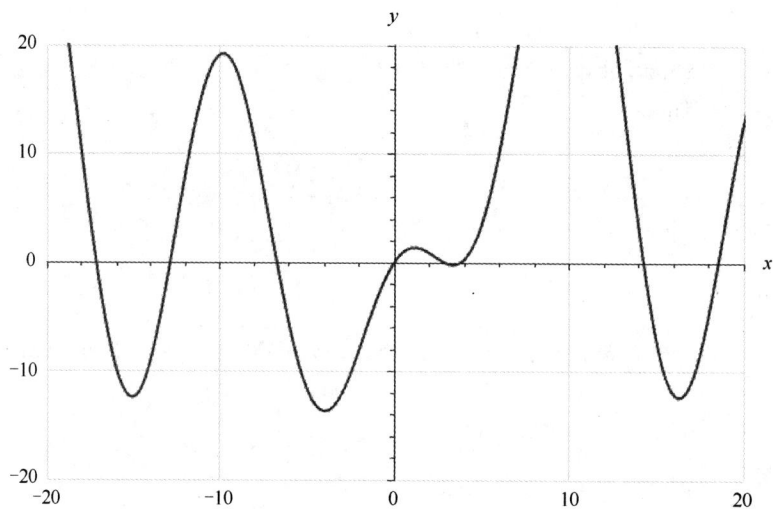

图 4-14　任务 4-5 对应的函数图形

模块 05

绘制ECharts饼图

饼图主要通过扇形的弧度表现不同类目数据项在总体中的占比，主要配置项包括 title、tooltip、legend、series 等。一个图表中有多个饼图时，可以使用 left、right、top、bottom、width、height 配置每个饼图系列的位置和大小。

饼图更适合表现数据项相对于总体的比例，如果只需要表现不同类目数据项间的大小差异，建议使用柱状图，因为相较于微小的弧度差异，用户对于微小的长度差异更加敏感；也可以通过配置 roseType 显示南丁格尔玫瑰图，通过扇形半径区分数据的大小。从 ECharts 4.6.0 起，提供了'labelLine'与'edge'两种新的布局方式。

扫描二维码，浏览电子活页 5-1 中的内容，熟悉 ECharts 饼图的主要属性及其设置。

电子活页 5-1

5.1 绘制基础饼图

5.1.1 绘制简单的饼图

饼图的配置和折线图、柱状图略有不同，它不再需要配置坐标轴，把类目和数据值都配置在系列中即可。

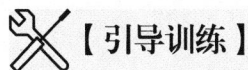

✂【引导训练】

【训练 5-1】在网页文件 test0501.html 中绘制简单的饼图

【代码编写】

```
option = {
  series: [
    {
      type: 'pie',
      data: [
        {
```

```
        value: 40.49,
        name: '品牌联合促销'
      },
      {
        value: 10.23,
        name: '节假日促销'
      },
      {
        value: 29.63,
        name: '门店特别促销'
      },
      {
        value: 19.65,
        name: '无促销活动'
      }
    ]
  }
 ]
};
```

【图表展示】

训练 5-1 对应的饼图如图 5-1 所示。

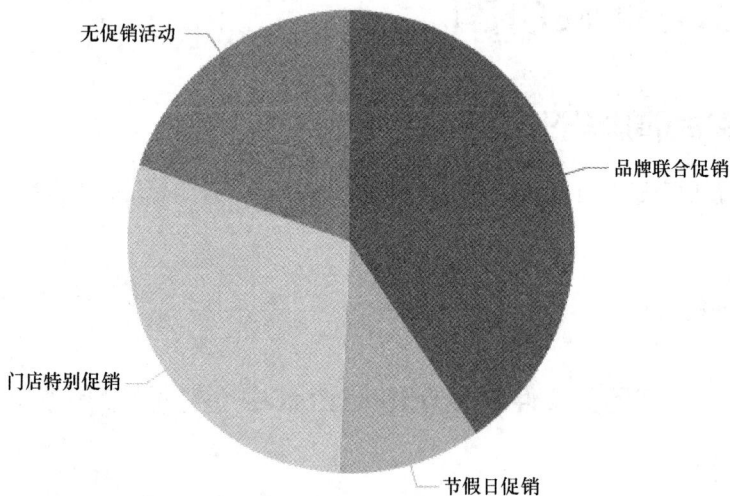

图 5-1 训练 5-1 对应的饼图

5.1.2 设置饼图样式

1. 设置饼图的半径

饼图的半径可以通过 series.radius 设置，可以是百分比字符串（如'60%'），也可以是像素值

（如200）。当使用百分比字符串时，该百分比是相对于容器宽度和高度中较小的一个来计算的。也就是说，如果宽度大于高度，则百分比是相对于高度计算的；当使用像素值时，它表示绝对的长度。

⚒ 【引导训练】

【训练 5-2】在网页文件 test0502.html 中绘制饼图并设置饼图的半径

【代码编写】

```
option = {
  series: [
    {
      type: 'pie',
      data: [
        {
          value: 40.49,
          name: '品牌联合促销'
        },
        {
          value: 10.23,
          name: '节假日促销'
        },
        {
          value: 29.63,
          name: '门店特别促销'
        },
        {
          value: 19.65,
          name: '无促销活动'
        }
      ],
      radius: '50%'
    }
  ]
};
```

【图表展示】

训练 5-2 对应的饼图如图 5-2 所示。

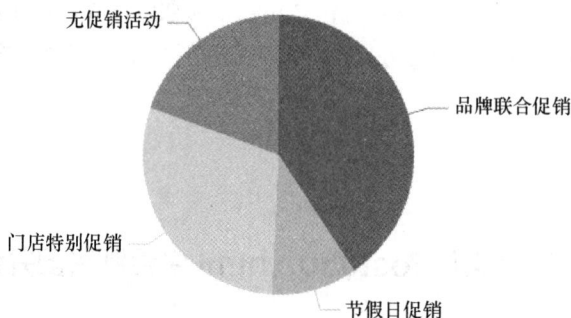

图 5-2 训练 5-2 对应的饼图

2. 数据值和为 0 时的饼图绘制

在默认情况下，如果所有数据值的和为 0，会显示平均分割的扇形。例如，如果有 4 个数据项，并且每个数据项的值都是 0，则每个扇形的圆心角都是 90°。如果希望在这种情况下不显示任何扇形，可以将 series.stillShowZeroSum 设为 false。如果希望扇形对应的标签也不显示，可以将 series.label.show 设为 false。

5.2 绘制圆环图

圆环图同样可以用来表示数据项占总体的比例，相比于饼图，它中间空余的部分可以用来显示一些额外的信息，因此在许多场景中更加实用。

5.2.1 绘制基础圆环图

在 ECharts 中，饼图的半径可以是数值或字符串，也可以是包含两个元素的数组，每个元素可以为数值或字符串。当它是数组时，前一个数组元素表示内半径，后一个数组元素表示外半径，这样就形成了圆环图。从这个角度来说，可以认为饼图是一个内半径为 0 的圆环图，也就是说，饼图是圆环图的特例。如果数组元素分别是数值和字符串，可能导致某些分辨率下内半径小于外半径，虽然 ECharts 会自动使用较小值作为内半径，但配置时仍需谨慎，以避免产生非预期的效果。

✂ 【引导训练】

【训练 5-3】在网页文件 test0503.html 中绘制基础圆环图

【代码编写】

```
option = {
  title: {
    text: '圆环图示例',
    left: 'center',
    top: 'center'
  },
```

```
series: [
  {
    type: 'pie',
    data: [
      {
        value: 40.49,
        name: '品牌联合促销'
      },
      {
        value: 10.23,
        name: '节假日促销'
      },
      {
        value: 29.63,
        name: '门店特别促销'
      },
      {
        value: 19.65,
        name: '无促销活动'
      }
    ],
    radius: ['40%', '70%']
  }
]
};
```

【图表展示】

训练 5-3 对应的圆环图如图 5-3 所示。

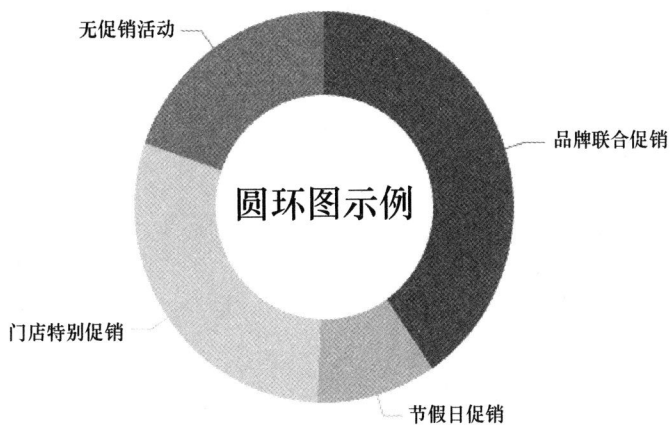

图 5-3　训练 5-3 对应的圆环图

5.2.2　在圆环图中间显示高亮区域对应的文字

训练 5-3 介绍了如何在圆环图中间显示固定的文字，下面介绍如何在圆环图中间显示高亮区域对应的文字。实现这一效果的思路是，利用 series.label 将标签位置设置到圆环图中间，并且默认情况下不显示；在 emphasis 中设置显示标签。

【引导训练】

【训练 5-4】在网页文件 test0504.html 中绘制圆环图并在中间显示高亮区域对应的文字

【代码编写】

```
option = {
  legend: {
    orient: 'vertical',
    x: 'left',
    data: ['苹果', '梨子', '葡萄', '杧果', '桃子']
  },
  series: [
    {
      type: 'pie',
      radius: ['30%', '50%'],
      avoidLabelOverlap: false,
      label: {
        show: false,
        position: 'center'
      },
      labelLine: {
        show: false
      },
      emphasis: {
        label: {
          show: true,
          fontSize: 30,
          fontWeight: 'bold'
        }
      },
      data: [
```

```
      { value: 335, name: '苹果' },
      { value: 310, name: '梨子' },
      { value: 234, name: '葡萄' },
      { value: 135, name: '杜果' },
      { value: 158, name: '桃子' }
    ]
  }
  ]
};
```

【代码解读】

avoidLabelOverlap 用来控制是否由 ECharts 调整标签位置以防止标签重叠，其默认值是 true，这里不希望标签位置调整，因此需要将其设为 false。这样，圆环图中间就会显示高亮区域对应的文字。

【图表展示】

当用户的鼠标指针悬停在"葡萄"对应的扇区部分时，训练 5-4 对应的圆环图如图 5-4 所示。

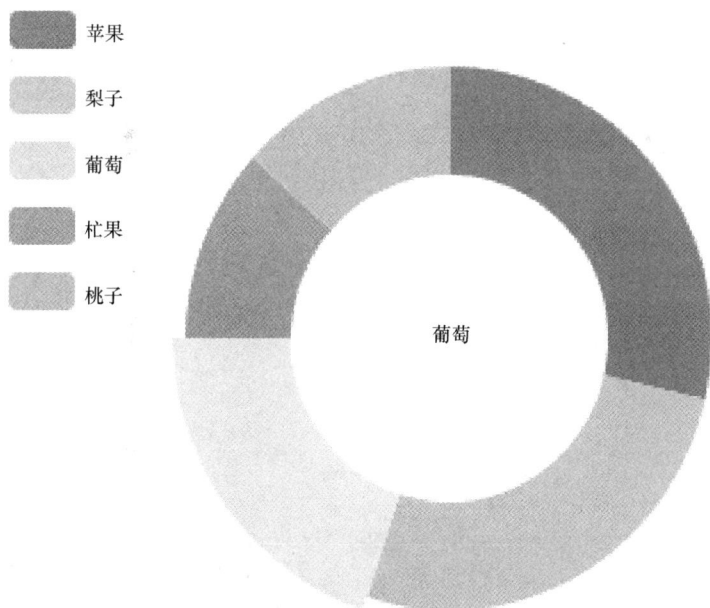

图 5-4　训练 5-4 对应的圆环图

5.3　绘制南丁格尔玫瑰图

南丁格尔玫瑰图通常用弧度相同但半径不同的扇形表示各个类目。在 ECharts 中，可以通过将饼图的 series.roseType 设为'area'绘制南丁格尔玫瑰图，其他配置项和饼图是相同的。

【训练 5-5】在网页文件 test0505.html 中绘制南丁格尔玫瑰图

【代码编写】

```
option = {
  series: [
    {
      type: 'pie',
      data: [
        {
          value: 335,
          name: '苹果'
        },
        {
          value: 310,
          name: '梨子'
        },
        {
          value: 234,
          name: '葡萄'
        },
        {
          value: 135,
          name: '柠果'
        },
        {
          value: 158,
          name: '桃子'
        }
      ],
      roseType: 'area'
    }
  ]
};
```

【图表展示】

训练 5-5 对应的南丁格尔玫瑰图如图 5-5 所示。

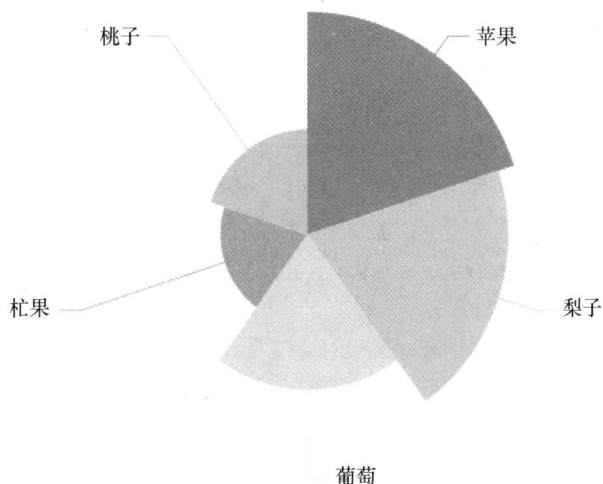

图 5-5　训练 5-5 对应的南丁格尔玫瑰图

【实战任务】

【任务 5-1】绘制包含扇区间隙的饼图，分析不同访问途径对广告效果的影响

【任务描述】

（1）启动 Dreamweaver，创建网页 task0501.html，将该文件保存到本模块文件夹 Unit05 中。

（2）在网页 task0501.html 中绘制包含扇区间隙的饼图，分析不同访问途径对广告效果的影响，并进行必要的属性设置。

【代码编写】

```
option = {
    tooltip: {
        // trigger 设置触发类型，默认数据触发，可选值为'item'和'axis'
        trigger: 'item',
        // formatter 用于设置提示框显示的内容
        formatter: '{a} <br/>{b}: {c} ({d}%)'
        // {a}指 series.name，{b}指 series.data.name
        // {c}指 series.data.value，{d}%指当前数据项占总体的百分比
    },
    legend: {
        top: '5%',
        left: 'center',
        data: ['网页访问','邮件推送','网页广告','视频广告','搜索引擎']
    },
```

```
series: [
    {
        name: '访问途径',
        type: 'pie',
        // roseType: 'area',  //显示成南丁格尔玫瑰图，默认为普通饼图
        // 设置饼图半径，第 1 个百分比字符串表示内半径
        // 第 2 个百分比字符串表示外半径
        radius: ['40%', '70%'],
        // 设置饼图位置，第 1 个百分比字符串表示水平位置，第 2 个百分比字符串表示垂直位置
        center: ['50%', '50%'],
        avoidLabelOverlap: false,
        padAngle: 5,
        itemStyle: {
          borderRadius: 10
        },
        label: {
          show: false,
          position: 'center'
        },
        emphasis: {
          label: {
            show: true,
            fontSize: 20,
            fontWeight: 'bold'
          }
        },
        labelLine: {
          show: true
        },
        data: [
            {value: 335, name: '网页访问'},
            {value: 310, name: '邮件推送'},
            {value: 234, name: '网页广告'},
            {value: 135, name: '视频广告'},
            {value: 548, name: '搜索引擎'}
        ]
    }
]
};
```

【图表展示】

任务 5-1 对应的包含扇区间隙的饼图如图 5-6 所示。

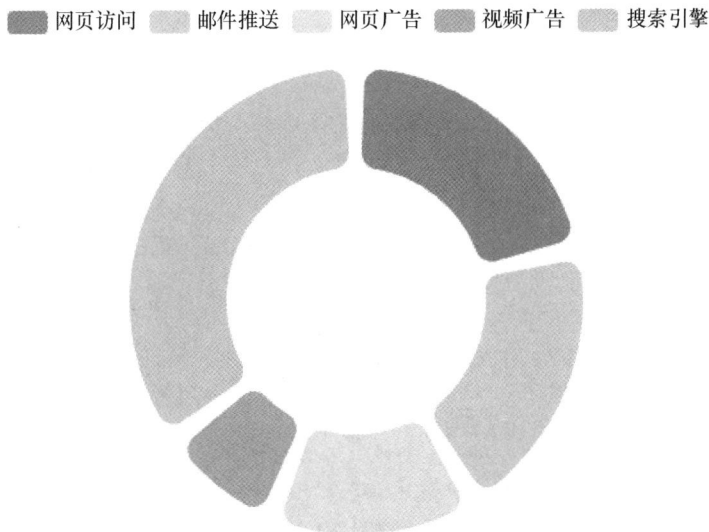

图 5-6　任务 5-1 对应的包含扇区间隙的饼图

【任务 5-2】绘制南丁格尔玫瑰图，分析不同访问途径对广告效果的影响

【任务描述】

（1）启动 Dreamweaver，创建网页 task0502.html，将该文件保存到本模块文件夹 Unit05 中。

（2）在网页 task0502.html 中绘制南丁格尔玫瑰图，分析不同访问途径对广告效果的影响，并进行必要的属性设置。

【代码编写】

```
option = {
    tooltip: {
        // trigger 设置触发类型，默认数据触发，可选值为'item'和'axis'
        trigger: 'item',
        // formatter 用于设置提示框显示的内容
        formatter: "{a} <br/>{b}: {c} ({d}%)"
        // {a}指 series.name, {b}指 series.data.name
        // {c}指 series.data.value, {d}%指当前数据项占总体的百分比
    },
    legend: {
        top: '5%',
        left: 'center',
        data: ['网页访问','邮件推送','网页广告','视频广告','搜索引擎']
```

```
        },
    series: [
        {
            name: '访问途径',
            type: 'pie',
            roseType: 'area', //显示成南丁格尔玫瑰图，默认为普通饼图
            // 设置饼图半径，第1个百分比字符串表示内半径，第2个百分比字符串表示外半径
            radius: ['40%', '70%'],
            // 设置饼图位置，第1个百分比字符串表示水平位置，第2个百分比字符串表示垂直位置
            center: ['50%', '50%'],
            data: [
                {value: 335, name: '网页访问'},
                {value: 310, name: '邮件推送'},
                {value: 234, name: '网页广告'},
                {value: 135, name: '视频广告'},
                {value: 548, name: '搜索引擎'}
            ]
        }
    ]
};
```

【图表展示】

任务 5-2 对应的南丁格尔玫瑰图如图 5-7 所示。

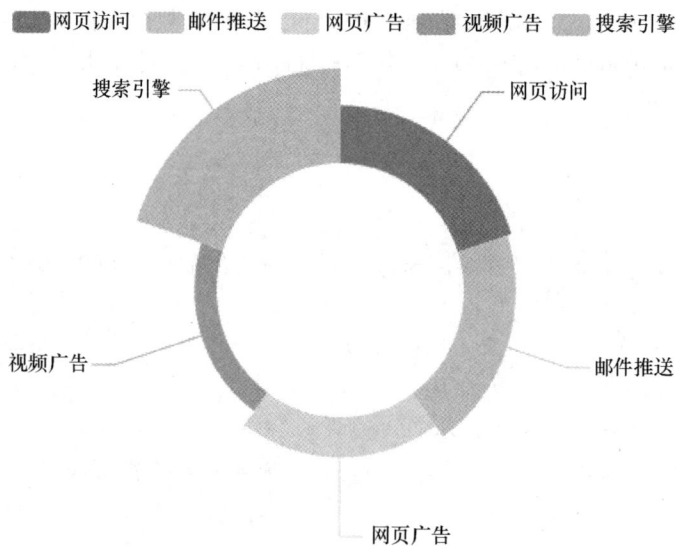

图 5-7　任务 5-2 对应的南丁格尔玫瑰图

【任务 5-3】绘制嵌套环形图，分析不同访问途径对广告效果的影响

【任务描述】

（1）启动 Dreamweaver，创建网页 task0503.html，将该文件保存到本模块文件夹 Unit05 中。

（2）在网页 task0503.html 中绘制嵌套环形图，分析不同访问途径对广告效果的影响，并进行必要的属性设置。

电子活页 5-2

【代码编写】

扫描二维码，浏览电子活页 5-2 中的内容，熟悉任务 5-3 的对应代码。

【图表展示】

任务 5-3 对应的嵌套环形图如图 5-8 所示。

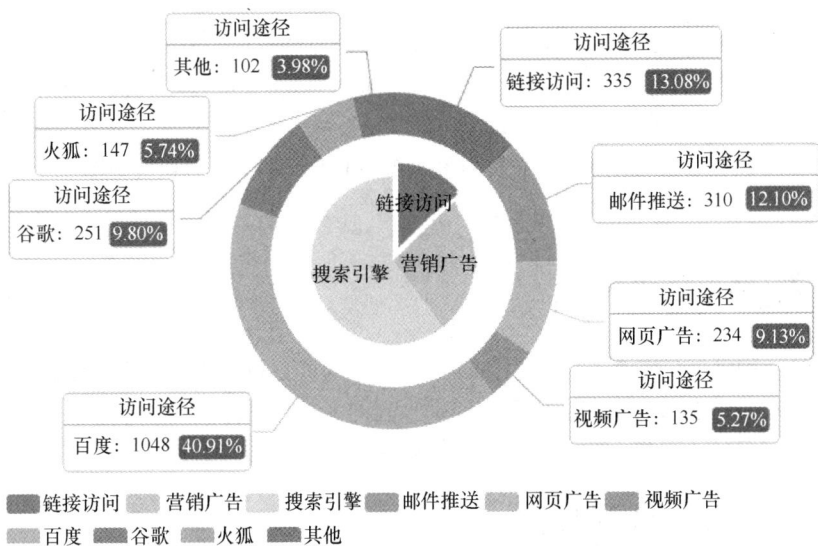

图 5-8　任务 5-3 对应的嵌套环形图

模块 06

绘制ECharts散点图和气泡图

　　散点图和气泡图可以用来展现两个变量之间的关系，如果数据项有多个维度，可以通过点的大小或颜色来表现其他维度的信息。这些视觉效果可以配合 visualMap 组件实现。散点图和气泡图可以应用在直角坐标系、极坐标系、地理坐标系中，主要配置项包括 xAxis、yAxis、series（其中 type 应设置为'scatter'）等。

　　扫描二维码，浏览电子活页 6-1 中的内容，熟悉 ECharts 散点图和气泡图的主要属性及其设置。

电子活页 6-1

6.1　绘制散点图

　　散点图是一种常见的图表类型，由许多点组成，这些点可以表示数据在坐标系中的位置，如在笛卡儿坐标系中表示数据在水平方向和垂直方向上的位置，在地图坐标系中表示数据在地图上的位置等。有时，这些点的大小、颜色等属性也可以映射到数据值，用以表现高维数据。

6.1.1　绘制简单的散点图

【引导训练】

【训练 6-1】在网页文件 test0601.html 中绘制水平轴为类目轴、垂直轴为数值轴的散点图

【代码编写】

```
option = {
  xAxis: {
    data: ['星期一', '星期二', '星期三', '星期四', '星期五', '星期六', '星期日']
  },
  yAxis: {},
  series: [
    {
```

```
    type: 'scatter',
    data: [220, 182, 191, 234, 290, 330, 310]
  }
 ]
};
```

【图表展示】

训练 6-1 对应的散点图如图 6-1 所示。

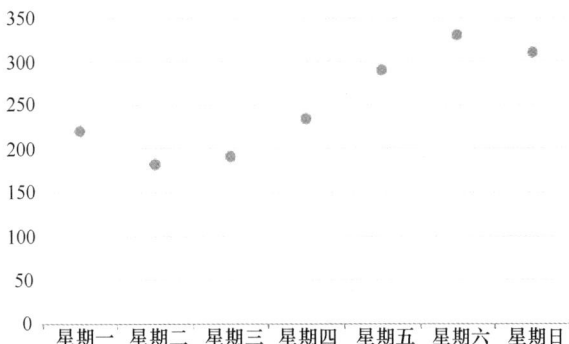

图 6-1 训练 6-1 对应的散点图

6.1.2 设置散点图的样式

1. 设置散点图的图形形状

图形形状（symbol）指的是散点图中点的形状，包括 ECharts 内置形状、图片、SVG 路径 3 类。

ECharts 内置形状包括圆形、矩形、圆角矩形、三角形、菱形、大头针形、箭头形，分别对应'circle'、'rect'、'roundRect'、'triangle'、'diamond'、'pin'、'arrow'。使用内置形状时，只需要将 symbol 属性的值设置为对应的字符串。

如果要将图形指定为图片，symbol 属性的值需要以"image://"开头，后面跟图片的绝对地址或相对地址。如'image://https://example.com/xxx.png'或'image://./xxx.png'。

除此之外，ECharts 还支持将 SVG 路径作为矢量图形，将 symbol 属性的值设置为以"path://"开头的 SVG 路径即可。使用矢量图形的好处是，它不会因为缩放而产生锯齿或模糊，并且其文件通常更小。路径的查看方法：打开一个 SVG 文件，找到形如<path d="M... L..."></path>的路径，将 d 的值添加在"path://"后即可。

✗ **【引导训练】**

【训练 6-2】在网页文件 test0602.html 中绘制散点图并将 SVG 路径 作为图形形状

【代码编写】

SVG 路径的代码如下：

```
<?xml version="1.0" encoding="iso-8859-1"?>
<svg version="1.1" xmlns="https://www.w3.org/2000/svg" xmlns:xlink=
  "https://www.w3.org/1999/xlink" x="0px" y="0px" viewBox="0 0 51.997 51.997"
 style="enable-background:new 0 0 51.997 51.997;" xml:space="preserve">
    <path d="M51.911,16.242C51.152,7.888,45.239,1.827,37.839,1.827c-4.93,0-
    9.444,2.653-11.984,6.905 c-2.517-4.307-6.846-6.906-11.697-6.906c-7.399,0-
    13.313,6.061-14.071,14.415c-0.06,0.369-0.306,2.311,0.442,5.47 c1.078, 4.568,
    3.568,8.723,7.199,12.013l18.115,16.439l18.426-16.438c3.631-3.291,6.121-7.445,
    7.199-12.014 C52.216,18.553,51.97,16.611,51.911,16.242z">
</svg>
```

在 ECharts 的 symbol 属性中配置 SVG 路径。

指定图表的配置项和数据的代码如下：

```
option = {
  xAxis: {
    data: ['星期一', '星期二', '星期三', '星期四', '星期五', '星期六', '星期日']
  },
  yAxis: {},
  series: [
    {
      type: 'scatter',
      data: [220, 182, 191, 234, 290, 330, 310],
      symbolSize: 20,
      symbol:
        'path://M51.911,16.242C51.152,7.888,45.239,1.827,37.839,1.827c-4.93,0-
      9.444,2.653-11.984,6.905 c-2.517-4.307-6.846-6.906-11.697-6.906c-7.399,0-
      13.313,6.061-14.071,14.415c-0.06,0.369-0.306,2.311,0.442,5.47 c1.078, 4.568,
      3.568,8.723,7.199,12.013l18.115,16.439l18.426-16.438c3.631-3.291,6.121-7.445,
      7.199-12.014 C52.216,18.553,51.97,16.611,51.911,16.242z'
    }
  ]
};
```

【图表展示】

训练 6-2 对应的散点图如图 6-2 所示。

2. 设置散点图的图形大小

图形大小可以使用 series.symbolSize 控制，它既可以是表示图形大小的像素值，也可以是包含两个 number 元素（分别表示图形的宽度和高度）的数组。除此之外，它还可以是回调函数，格式如下：

```
(value: Array | number, params: Object) => number | Array;
```

第 1 个参数为数据值，第 2 个参数是数据项的其他信息。

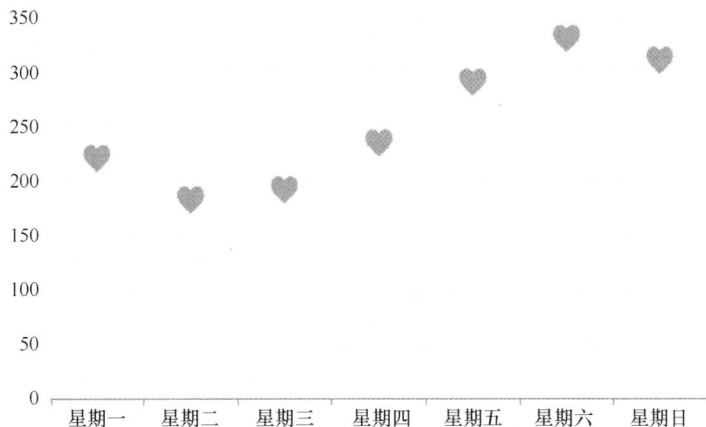

图 6-2　训练 6-2 对应的散点图

⚒ 【引导训练】

【训练 6-3】在网页文件 test0603.html 中绘制散点图并设置点的大小与数据值成正比

【代码编写】

```
option = {
  xAxis: {
    data: ['星期一', '星期二', '星期三', '星期四', '星期五', '星期六', '星期日']
  },
  yAxis: {},
  series: [
    {
      type: 'scatter',
      data: [220, 182, 191, 234, 290, 330, 310],
      symbolSize: function(value) {
        return value / 10;
      }
    }
  ]
};
```

【图表展示】

训练 6-3 对应的散点图如图 6-3 所示。

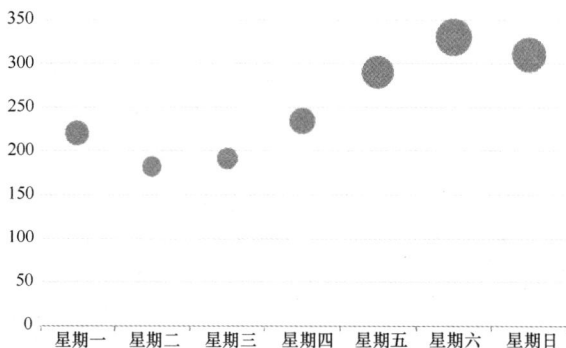

图 6-3　训练 6-3 对应的散点图

6.2　绘制气泡图

【训练 6-4】在网页文件 test0604.html 中绘制打卡气泡图

【代码编写】

扫描二维码，浏览电子活页 6-2 中的内容，熟悉训练 6-4 的对应代码。

电子活页 6-2

【图表展示】

训练 6-4 对应的气泡图如图 6-4 所示。

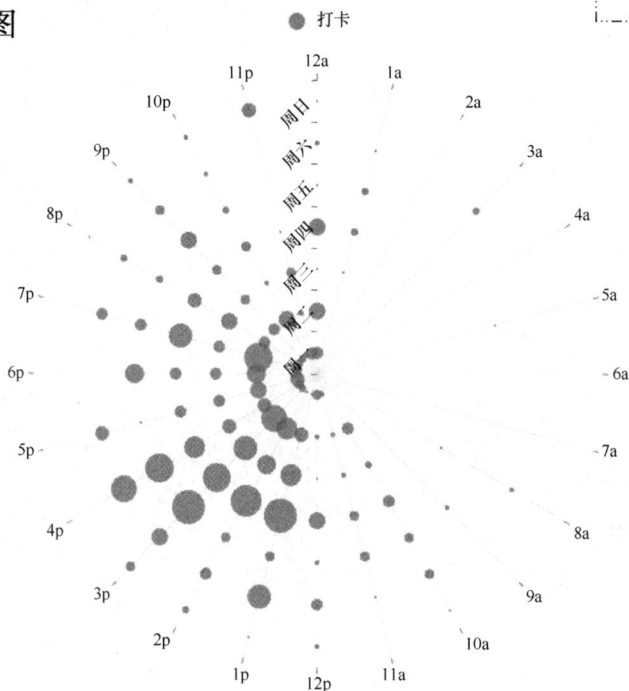

图 6-4　训练 6-4 对应的气泡图

【实战任务】

【任务 6-1】绘制男性和女性身高、体重分布图

【任务描述】

（1）启动 Dreamweaver，创建网页 task0601.html，将该文件保存到本模块文件夹 Unit06 中。

（2）在网页 task0601.html 中绘制男性和女性身高、体重分布图，并进行必要的属性设置。

【代码编写】

```
option={
    title:{
        text:'男性和女性身高、体重比例',
        subtext:'虚拟数据'
    },
    tooltip:{
        trigger:'axis',
        axisPointer:{
            show:true,
            type:'cross',
            lineStyle:{
                type:'dashed',
                width:1
            }
        }
    },
    legend:{
        data:['男性','女性']
    },
    xAxis:{
        type:'value',
        scale:true,  // 设置是否脱离 0 刻度, 设置成 true 后坐标刻度不会从 0 开始
        axisLabel:{
            formatter:'{value}cm'
        }
    },
    yAxis:{
        type:'value',
        scale:true,
        axisLabel:{
            formatter:'{value}kg'
        }
```

```
    },
    series:[
        {
            name:'女性',
            type:'scatter',
            data: [
                [161.2, 51.6], [167.5, 59.0], [159.5, 49.2], [157.0, 63.0], [155.8, 53.6],
                [170.0, 59.0], [159.1, 47.6], [166.0, 69.8], [176.2, 66.8], [160.2, 75.2],
                [172.5, 55.2], [170.9, 54.2], [172.9, 62.5], [153.4, 42.0], [160.0, 50.0],
            ],
            markPoint:{
                data:[
                    {type:'max',name:'最大值'},
                    {type:'min',name:'最小值'}
                ]},
            markLine:{
                data:[
                    {type:'average',name:'平均值'}
                ]
            }
        },
        {
            name:'男性',
            type:'scatter',
            data:[
                [174.0, 65.6], [175.3, 71.8], [193.5, 80.7], [186.5, 72.6], [187.2, 78.8],
                [181.5, 74.8], [184.0, 86.4], [184.5, 78.4], [175.0, 62.0], [184.0, 81.6],
                [180.0, 76.6], [177.8, 83.6], [192.0, 90.0], [176.0, 74.6], [174.0, 71.0]
            ],
            markPoint:{
                data:[
                    {type:'max',name:'最大值'},
                    {type:'min',name:'最小值'}
                ]},
            markLine:{
                data:[
                    {type:'average',name:'平均值'}
                ]
            }
        }
    ]
};
```

【图表展示】

任务 6-1 对应的散点图如图 6-5 所示。

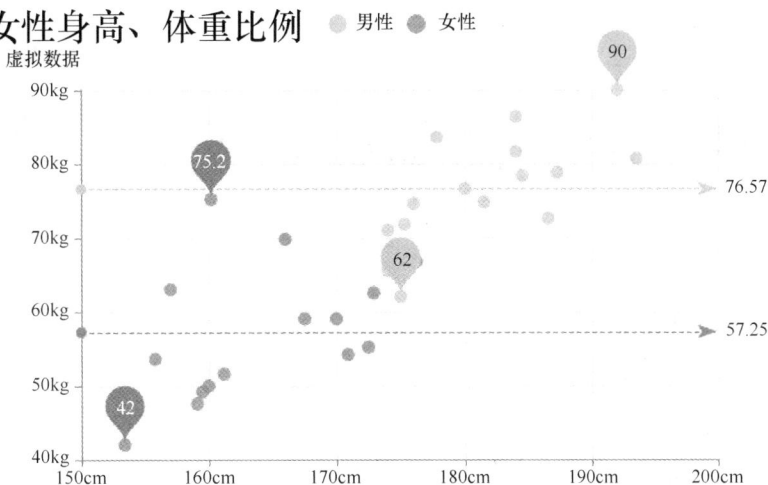

图 6-5　任务 6-1 对应的散点图

【任务 6-2】绘制城市 AQI 气泡图

【任务描述】

（1）启动 Dreamweaver，创建网页 task0602.html，将该文件保存到本模块文件夹 Unit06 中。

（2）在网页 task0602.html 中绘制城市空气质量指数（Air Quality Index，AQI）气泡图，并进行必要的属性设置。

电子活页 6-3

【代码编写】

扫描二维码，浏览电子活页 6-3 中的内容，熟悉任务 6-2 的对应代码。

【图表展示】

任务 6-2 对应的气泡图如图 6-6 所示。

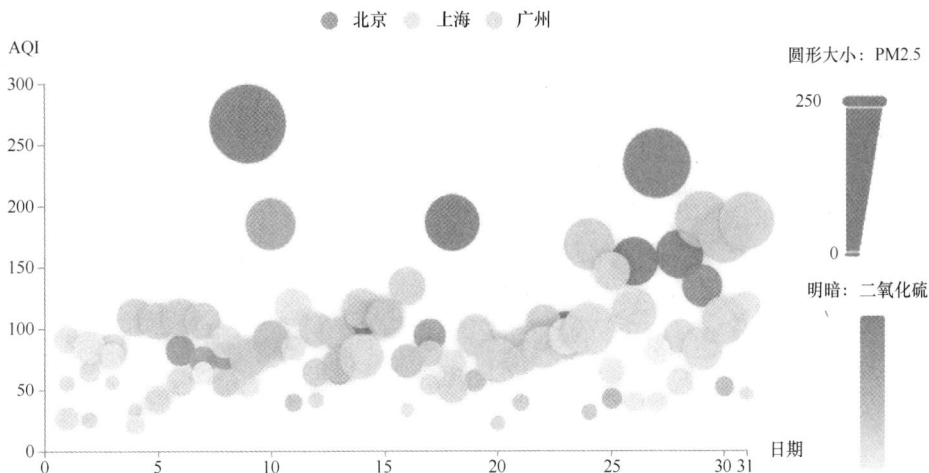

图 6-6　任务 6-2 对应的气泡图

模块

07

绘制ECharts高级图表

　　ECharts 高级图表提供了更复杂的数据展示和分析功能，适用于需要深入挖掘数据关系的场景，主要包括 K 线图、雷达图、盒须图、热力图、仪表盘等。

7.1　绘制 K 线图

　　K 线图也称为蜡烛图，是股票市场分析中常用的图表类型，用于展示股票、期货等金融市场的价格走势，包含开盘价、收盘价、最高价和最低价等信息。

✂ 【引导训练】

【训练 7-1】在网页文件 test0701.html 中绘制股票基础 K 线图

【代码编写】

```
option = {
  xAxis: {
    data: ['202X-10-24', '202X-10-25', '202X-10-26', '202X-10-27', '202X-10-28']
  },
  yAxis: {},
  series: [
    {
      type: 'candlestick',
      data: [
        [292.00, 300.00, 291.98, 298.05],
        [297.20, 319.98, 294.50, 319.98],
        [320.15, 335.66, 317.79, 328.30],
        [328.31, 330.68, 317.08, 330.00],
        [330.06, 331.60, 300.94, 317.00]
      ]
    }
  ]
};
```

【图表展示】

训练 7-1 对应的 K 线图如图 7-1 所示。

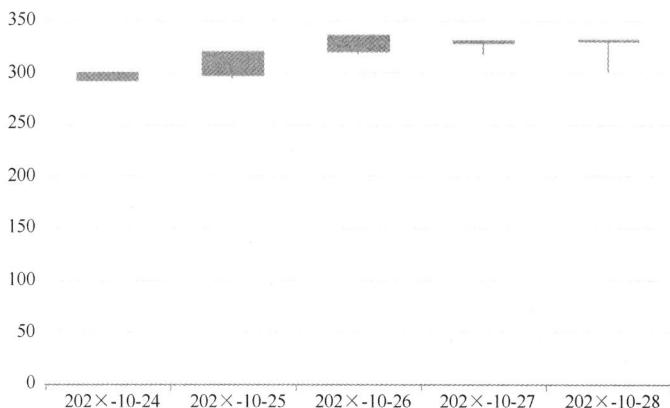

图 7-1　训练 7-1 对应的 K 线图

7.2　绘制雷达图

雷达图也称为蜘蛛网图，用于展示多个指标的相对大小和相关性，比较不同类别的多维数据，可以直观地展示各个指标的表现情况。数据以多边形的形式表示，适用于多维属性的比较。它依赖 radar 组件。

7.2.1　绘制基础雷达图

【引导训练】

【训练 7-2】在网页文件 test0702.html 中绘制基础雷达图

【代码编写】

```
option={
    title:{
        text:'雷达图'
    },
    tooltip:{
        trigger:'axis'
    },
    legend:{
        data: ['预算经费', '实际支出']
    },
    radar:[{
        // 雷达图的指示器，用来指定雷达图中的多个变量（维度）
```

```
        indicator:[
                // text 为指示器名称，max 为指示器的最大值，max 可选，但建议设置
                {text: '销售', max: 6500},
                {text: '管理', max: 16000},
                {text: '信息技术', max: 30000},
                {text: '客服', max: 38000},
                {text: '研发', max: 52000},
                {text: '市场', max: 25000}
            ]}],
    calculable:true,
    series:[
        {
            symbol:'none',              // 去掉拐点的圈
            // 圆中心坐标，数组的第一项是横坐标，第二项是纵坐标
            center:['50%', '50%'], // 默认值
            // 圆的半径，数组的第一项是内半径，第二项是外半径
            radius:160,
            itemStyle:{normal:{areaStyle:{type:'default'}}},
            type:'radar',
            data:[
                {value:[4300,1000,28000,35000,5000,19000], name:'预算经费'},
                {value:[6000,14000,4000,31000,46000,3000], name:'实际支出'}
            ]
        }]
};
```

【图表展示】

训练 7-2 对应的雷达图如图 7-2 所示。

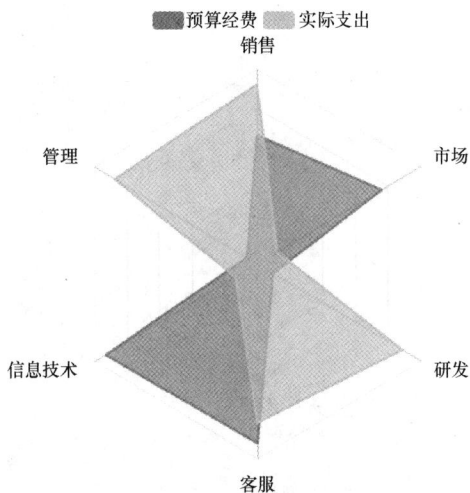

图 7-2　训练 7-2 对应的雷达图

7.2.2 绘制多雷达图

⚒ 【引导训练】

【训练 7-3】在网页文件 test0703.html 中绘制多雷达图

【代码编写】

扫描二维码，浏览电子活页 7-1 中的内容，熟悉训练 7-3 的对应代码。

【图表展示】

训练 7-3 对应的多雷达图如图 7-3 所示。

多雷达图

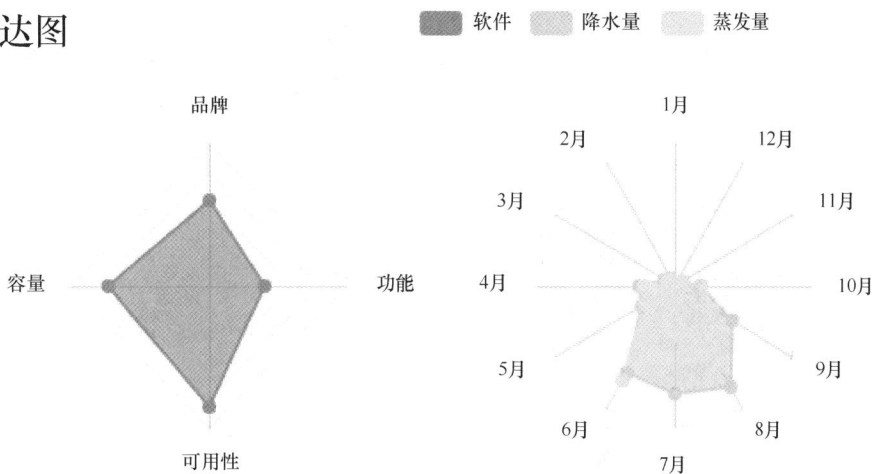

图 7-3 训练 7-3 对应的多雷达图

7.3 绘制盒须图

盒须图用于展示一组数据的分布情况，能够显示一组数据的最大值、最小值、中位数、下四分位数及上四分位数等。盒须图又称盒式图、盒状图、箱形图、箱线图。

⚒ 【引导训练】

【训练 7-4】在网页文件 test0704.html 中绘制某城市不同区域房价盒须图

【代码编写】

```
option = {
    title: {
        text: '某城市不同区域房价盒须图',
        left: 'center'
```

```
        },
        tooltip: {
            trigger: 'axis',
            axisPointer: {
                type: 'shadow'
            }
        },
        xAxis: {
            type: 'category',
            data: ['区域A', '区域B', '区域C', '区域D', '区域E']
        },
        yAxis: {
            type: 'value'
        },
        series: [
            {
                name: '房价',
                type: 'boxplot',
                data: [
                    // 区域A的数据：最小值、下四分位数、中位数、上四分位数、最大值
                    [850, 740, 900, 1070, 1250],
                    [960, 940, 1000, 1080, 1120],  // 区域B的数据
                    [880, 880, 950, 1020, 1050],   // 区域C的数据
                    [860, 760, 800, 870, 920],     // 区域D的数据
                    [720, 740, 820, 860, 880]      // 区域E的数据
                ],
                tooltip: {
                    formatter: function (param) {
                        return [
                            'Experiment ' + param.name + ': ',
                            'upper: ' + param.data[5],
                            'Q3: ' + param.data[4],
                            'median: ' + param.data[3],
                            'Q1: ' + param.data[2],
                            'lower: ' + param.data[1]
                        ].join('<br/>');
                    }
                }
            }
```

```
        ]
};
```

【图表展示】

训练 7-4 对应的盒须图如图 7-4 所示。

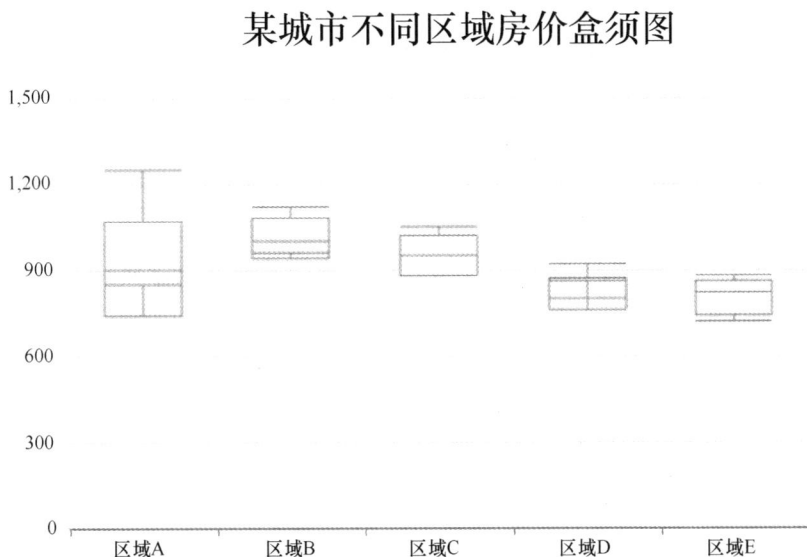

图 7-4　训练 7-4 对应的盒须图

7.4　绘制热力图

热力图主要通过颜色深浅表现数据之间的相关性或密集程度，必须配合 visualMap 组件使用。它可以应用在直角坐标系以及地理坐标系上，但在这两个坐标系上的表现形式相差很大，应用在直角坐标系上时必须使用两个类目轴。

【引导训练】

【训练 7-5】在网页文件 test0705.html 中绘制笛卡儿坐标系上的热力图

【代码编写】

```
const hours = [
    '12a', '1a', '2a', '3a', '4a', '5a', '6a',
    '7a', '8a', '9a', '10a', '11a',
    '12p', '1p', '2p', '3p', '4p', '5p',
    '6p', '7p', '8p', '9p', '10p', '11p'
];
const days = [
    '星期六', '星期五', '星期四', '星期三', '星期二', '星期一', '星期日'
];
```

```
    const data = [[0, 0, 5], [0, 1, 1], [0, 2, 0], [0, 3, 0], [0, 4, 0], [0, 5, 0],
[0, 6, 0], [0, 7, 0], [0, 8, 0], [0, 9, 0], [0, 10, 0], [0, 11, 2], [0, 12, 4],
[0, 13, 1], [0, 14, 1], [0, 15, 3], [0, 16, 4], [0, 17, 6], [0, 18, 4], [0, 19,
4], [0, 20, 3], [0, 21, 3], [0, 22, 2], [0, 23, 5], [1, 0, 7], [1, 1, 0], [1, 2,
0], [1, 3, 0], [1, 4, 0], [1, 5, 0], [1, 6, 0], [1, 7, 0], [1, 8, 0], [1, 9, 0],
[1, 10, 5], [1, 11, 2], [1, 12, 2], [1, 13, 6], [1, 14, 9], [1, 15, 11], [1, 16,
6], [1, 17, 7], [1, 18, 8], [1, 19, 12], [1, 20, 5], [1, 21, 5], [1, 22, 7], [1,
23, 2], [2, 0, 1], [2, 1, 1], [2, 2, 0], [2, 3, 0], [2, 4, 0], [2, 5, 0], [2, 6,
0], [2, 7, 0], [2, 8, 0], [2, 9, 0], [2, 10, 3], [2, 11, 2], [2, 12, 1], [2, 13,
9], [2, 14, 8], [2, 15, 10], [2, 16, 6], [2, 17, 5], [2, 18, 5], [2, 19, 5], [2,
20, 7], [2, 21, 4], [2, 22, 2], [2, 23, 4], [3, 0, 7], [3, 1, 3], [3, 2, 0], [3,
3, 0], [3, 4, 0], [3, 5, 0], [3, 6, 0], [3, 7, 0], [3, 8, 1], [3, 9, 0], [3, 10,
5], [3, 11, 4], [3, 12, 7], [3, 13, 14], [3, 14, 13], [3, 15, 12], [3, 16, 9], [3,
17, 5], [3, 18, 5], [3, 19, 10], [3, 20, 6], [3, 21, 4], [3, 22, 4], [3, 23, 1],
[4, 0, 1], [4, 1, 3], [4, 2, 0], [4, 3, 0], [4, 4, 0], [4, 5, 1], [4, 6, 0], [4,
7, 0], [4, 8, 0], [4, 9, 2], [4, 10, 4], [4, 11, 4], [4, 12, 2], [4, 13, 4], [4,
14, 4], [4, 15, 14], [4, 16, 12], [4, 17, 1], [4, 18, 8], [4, 19, 5], [4, 20, 3],
[4, 21, 7], [4, 22, 3], [4, 23, 0], [5, 0, 2], [5, 1, 1], [5, 2, 0], [5, 3, 3],
[5, 4, 0], [5, 5, 0], [5, 6, 0], [5, 7, 0], [5, 8, 2], [5, 9, 0], [5, 10, 4], [5,
11, 1], [5, 12, 5], [5, 13, 10], [5, 14, 5], [5, 15, 7], [5, 16, 11], [5, 17, 6],
[5, 18, 0], [5, 19, 5], [5, 20, 3], [5, 21, 4], [5, 22, 2], [5, 23, 0], [6, 0, 1],
[6, 1, 0], [6, 2, 0], [6, 3, 0], [6, 4, 0], [6, 5, 0], [6, 6, 0], [6, 7, 0], [6,
8, 0], [6, 9, 0], [6, 10, 1], [6, 11, 0], [6, 12, 2], [6, 13, 1], [6, 14, 3], [6,
15, 4], [6, 16, 0], [6, 17, 0], [6, 18, 0], [6, 19, 0], [6, 20, 1], [6, 21, 2],
[6, 22, 2], [6, 23, 6]]
      .map(function (item) {
      return [item[1], item[0], item[2] || '-'];
    });
  option = {
    tooltip: {
      position: 'top'
    },
    grid: {
      height: '50%',
      top: '10%'
    },
    xAxis: {
      type: 'category',
      data: hours,
      splitArea: {
```

```
      show: true
    }
  },
  yAxis: {
    type: 'category',
    data: days,
    splitArea: {
      show: true
    }
  },
  visualMap: {
    min: 0,
    max: 10,
    calculable: true,
    orient: 'horizontal',
    left: 'center',
    bottom: '15%'
  },
  series: [
    {
      name: '穿孔卡片',
      type: 'heatmap',
      data: data,
      label: {
        show: true
      },
      emphasis: {
        itemStyle: {
          shadowBlur: 10,
          shadowColor: 'rgba(0, 0, 0, 0.5)'
        }
      }
    }
  ]
};
```

【图表展示】

训练 7-5 对应的热力图如图 7-5 所示。

穿孔卡片
　　3a　　3

	12a	2a	4a	6a	8a	10a	12p	2p	4p	6p	8p	10p
星期日	1					1	2 1 3 4				1 2 2 6
星期一	2 1	3			2	4 1 5	10 5 7 11 6		5 3 4 2		
星期二	1 3		1		2 4 4	2 4 4 14 12	1	8 5 3 7 3		
星期三	7 3			1	5 4 7	14 13 12 9 5		10 6 4 1		
星期四	1 1				3 2	9 8 10 6 5	5 5 7 4 2 4		
星期五	7				5 2 2	6 9 11 6 7	8 12 5 5 7 2		
星期六	5 1				2 4 1	3 4 6 4 4	3 3 2 5		

0　　3　　10

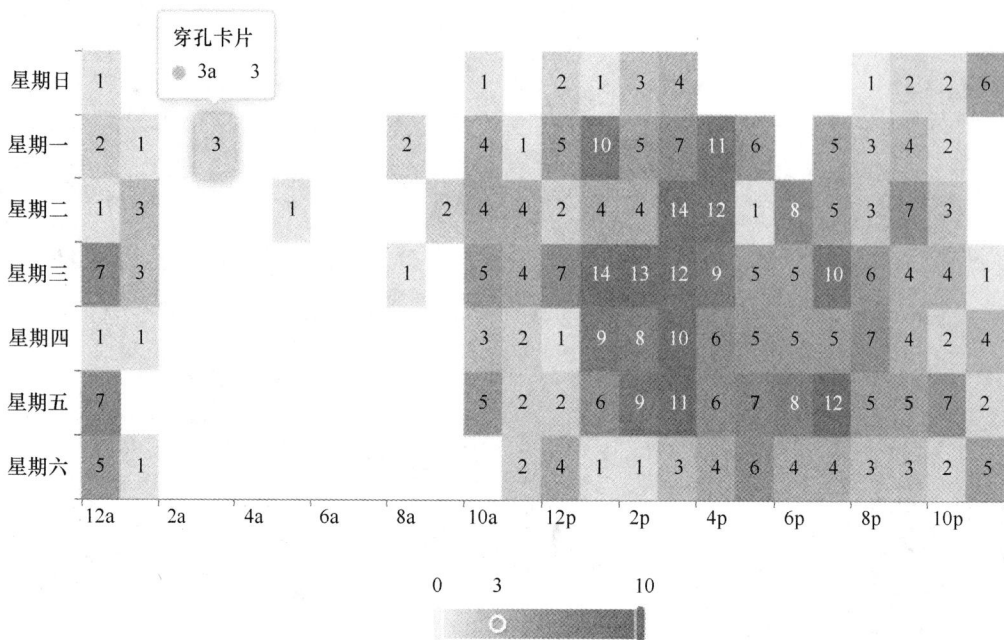

图 7-5　训练 7-5 对应的热力图

7.5　绘制仪表盘

ECharts 高级图表中的仪表盘可以模拟真实的仪表盘或仪器表，用于展示单个数值（如速度、温度）的实时状态或进度，适用于显示某一指标的值和范围。

【引导训练】

【训练 7-6】在网页文件 test0706.html 中绘制压力仪表盘

【代码编写】

```
option = {
  tooltip: {
    formatter: '{a} <br/>{b} : {c}%'
  },
  series: [
    {
      name: '压力',
      type: 'gauge',
      detail: {
        formatter: '{value}'
      },
      data: [
```

```
    {
      value: 36,
      name: '大小'
    }
  ]
}
  ]
};
```

【图表展示】

训练 7-6 对应的仪表盘如图 7-6 所示。

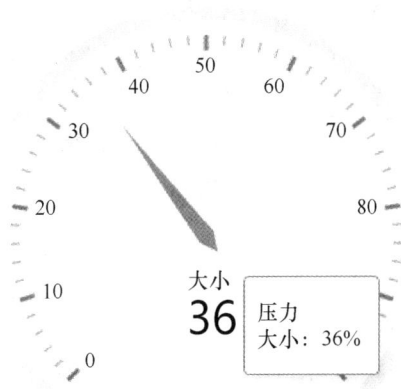

图 7-6　训练 7-6 对应的仪表盘

✖ **【实战任务】**

【任务 7-1】绘制城市 AQI 雷达图

【任务描述】

（1）启动 Dreamweaver，创建网页 task0701.html，将该文件保存到本模块文件夹 Unit07 中。

（2）在网页 task0701.html 中绘制城市 AQI 雷达图，并进行必要的属性设置。

电子活页 7-2

【代码编写】

扫描二维码，浏览电子活页 7-2 中的内容，熟悉任务 7-1 的对应代码。

【图表展示】

任务 7-1 对应的雷达图如图 7-7 所示。

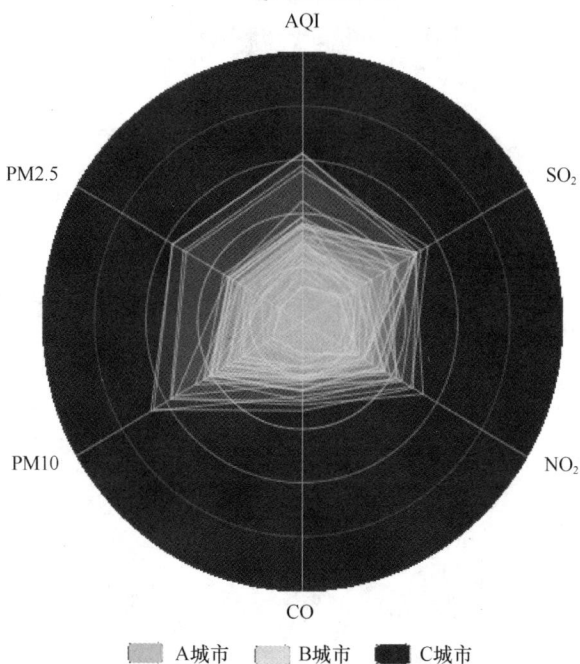

AQI雷达图

图 7-7 任务 7-1 对应的雷达图（以 B 城市效果为例）

【任务 7-2】绘制某城市一年气温变化盒须图

【任务描述】

（1）启动 Dreamweaver，创建网页 task0702.html，将该文件保存到本模块文件夹 Unit07 中。

（2）在网页 task0702.html 中绘制某城市一年气温变化盒须图，并进行必要的属性设置。

【代码编写】

```
option = {
    title: {
        text: '某城市一年气温变化盒须图',
        left: 'center'
    },
    tooltip: {
        trigger: 'axis',
        axisPointer: {
            type: 'shadow'
        },
        formatter: function (param) {
            var info = '月份: ' + param[0].name + '<br/>';
            param.forEach(function (item) {
                info += item.seriesName + ': ' +
```

```
                (item.data[1] === item.data[5] ?
                item.data[1] : item.data[1] + ' ~ ' + item.data[5]) + ' (' +
item.data[2] + ', ' + item.data[3] + ', ' + item.data[4] + ')' + '<br/>';
            });
            return info;
        }
    },
    xAxis: {
        type: 'category',
        data: ['1月', '2月', '3月', '4月', '5月', '6月',
            '7月', '8月', '9月', '10月', '11月', '12月']
    },
    yAxis: {
        type: 'value',
        name: '气温（℃）'
    },
    series: [
        {
            name: '气温范围',
            type: 'boxplot',
            data: [
                [-5, 0, 2, 5, 10],           // 1月数据：最小值、下四分位数、中位数、上四分
位数、最大值
                [-3, 1, 4, 7, 12],           // 2月数据
                [0, 5, 10, 15, 20],          // 3月数据
                [5, 10, 15, 20, 25],         // 4月数据
                [10, 15, 20, 25, 30],        // 5月数据
                [15, 20, 25, 30, 35],        // 6月数据
                [20, 25, 30, 35, 40],        // 7月数据
                [18, 25, 30, 32, 38],        // 8月数据
                [15, 20, 25, 30, 35],        // 9月数据
                [10, 15, 20, 25, 30],        // 10月数据
                [5, 10, 15, 20, 25],         // 11月数据
                [0, 2, 5, 8, 12]             // 12月数据
            ]
        }
    ]
};
```

任务 7-2 对应的盒须图如图 7-8 所示。

某城市一年气温变化盒须图

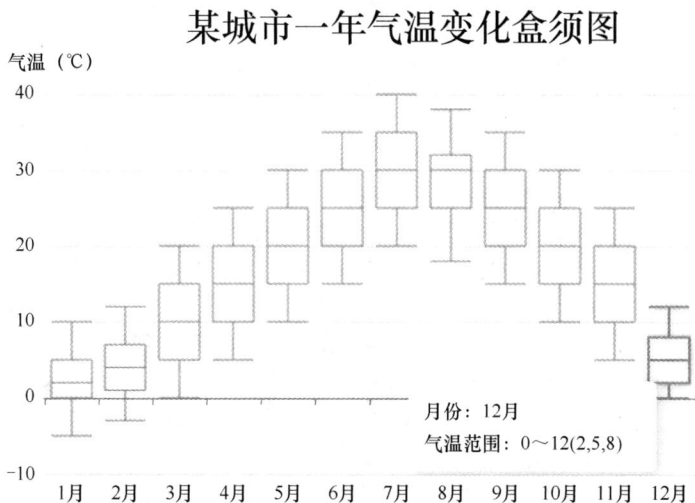

图 7-8　任务 7-2 对应的盒须图

【任务 7-3】绘制日历热力图

【任务描述】

（1）启动 Dreamweaver，创建网页 task0703.html，将该文件保存到本模块文件夹 Unit07 中。

（2）在网页 task0703.html 中绘制日历热力图，并进行必要的属性设置。

【代码编写】

```
function getVirtualData(year) {
  const date = +echarts.time.parse(year + '-01-01');
  const end = +echarts.time.parse(+year + 1 + '-01-01');
  const dayTime = 3600 * 24 * 1000;
  const data = [];
  for (let time = date; time < end; time += dayTime) {
    data.push([
      echarts.time.format(time, '{yyyy}-{MM}-{dd}', false),
      Math.floor(Math.random() * 10000)
    ]);
  }
  return data;
}
option = {
  title: {
    top: 30,
    left: 'center',
```

```
    text: '每日步数'
  },
  tooltip: {},
  visualMap: {
    min: 0,
    max: 10000,
    type: 'piecewise',
    orient: 'horizontal',
    left: 'center',
    top: 65
  },
  calendar: {
    top: 120,
    left: 30,
    right: 30,
    cellSize: ['auto', 13],
    range: '2023',
    itemStyle: {
      borderWidth: 0.5
    },
    yearLabel: { show: false }
  },
  series: {
    type: 'heatmap',
    coordinateSystem: 'calendar',
    data: getVirtualData('2023')
  }
};
```

【图表展示】

任务 7-3 对应的日历热力图如图 7-9 所示。

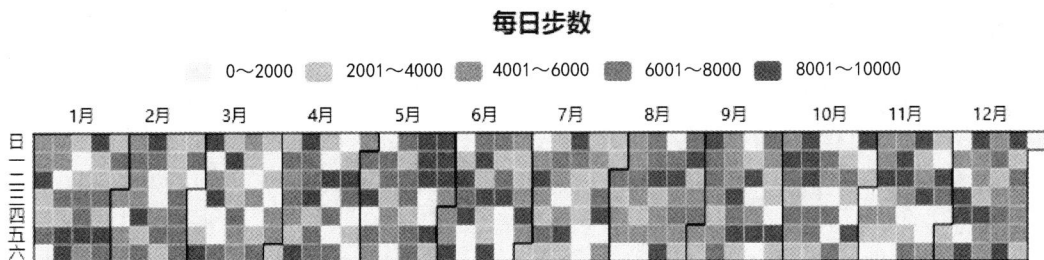

图 7-9　任务 7-3 对应的日历热力图

【任务 7-4】绘制速度仪表盘

【任务描述】

（1）启动 Dreamweaver，创建网页 task0704.html，将该文件保存到本模块文件夹 Unit07 中。

（2）在网页 task0704.html 中绘制速度仪表盘，并进行必要的属性设置。

【代码编写】

```
option = {
  series: [
    {
      type: 'gauge',
      progress: {
        show: true,
        width: 18
      },
      axisLine: {
        lineStyle: {
          width: 18
        }
      },
      axisTick: {
        show: false
      },
      splitLine: {
        length: 15,
        lineStyle: {
          width: 2,
          color: '#999'
        }
      },
      axisLabel: {
        distance: 20,
        color: '#999',
        fontSize: 20
      },
      anchor: {
        show: true,
        showAbove: true,
        size: 20,
```

```
      itemStyle: {
        borderWidth: 10
      }
    },
    title: {
      show: false
    },
    detail: {
      valueAnimation: true,
      fontSize: 50,
      offsetCenter: [0, '70%']
    },
    data: [
      {
        value: 70
      }
    ]
  }
  ]
};
```

【图表展示】

任务 7-4 对应的仪表盘如图 7-10 所示。

图 7-10 任务 7-4 对应的仪表盘

【任务 7-5】绘制项目完成率仪表盘

【任务描述】

（1）启动 Dreamweaver，创建网页 task0705.html，将该文件保存到本模块文件夹 Unit07 中。

（2）在网页 task0705.html 中绘制项目完成率仪表盘，并进行必要的属性设置。

【代码编写】

```
var data1 = [{
    name: '完成率（%）',
    value: 50,
}];
option = {
    tooltip: {},
    title: {
        text: '项目实际完成率（%）',
        x: 'center',
        y: 25,
    },
    series: [
        {
            name: '单仪表盘',
            type: 'gauge',
            progress: {
                show: true
            },
            radius: '80%',
            center: ['50%', '55%'],
            sartAngle: 225,
            endAngle: -45,
            clockwise: true,
            min: 0,
            max: 100,
            splitNumber: 10,
            data: data1,
        }]
};
setInterval(function () {
    option.series[0].data[0].value = (Math.random() * 100).toFixed(2);
    myChart.setOption(option, true);
}, 2000);
```

【图表展示】

任务 7-5 对应的仪表盘如图 7-11 所示。

项目实际完成率（%）

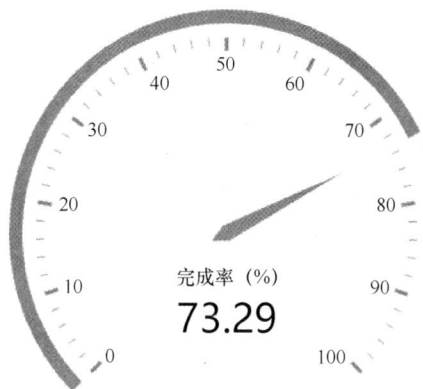

图 7-11　任务 7-5 对应的仪表盘

模块

08

绘制ECharts特殊图表

特殊图表是针对特定的应用场景和数据性质设计的，具有独特的展示和分析功能，主要包括关系图、树图、矩形树图、旭日图、平行坐标图、桑基图、漏斗图等。

8.1 绘制关系图

关系图用于展现节点和节点之间的关系和连接情况，适用于分析网络结构或关系复杂的数据。

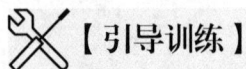

【引导训练】

【训练 8-1】在网页文件 test0801.html 中绘制基础关系图

【代码编写】

```
option = {
  title: {
    text: '基础关系图'
  },
  tooltip: {},
  animationDurationUpdate: 1500,
  animationEasingUpdate: 'quinticInOut',
  series: [
    {
      type: 'graph',
      layout: 'none',
      symbolSize: 50,
      roam: true,
      label: {
        show: true
```

```
    },
    edgeSymbol: ['circle', 'arrow'],
    edgeSymbolSize: [4, 10],
    edgeLabel: {
      fontSize: 20
    },
    data: [
      {
        name: 'Node 1',
        x: 300,
        y: 300
      },
      {
        name: 'Node 2',
        x: 800,
        y: 300
      },
      {
        name: 'Node 3',
        x: 550,
        y: 100
      },
      {
        name: 'Node 4',
        x: 550,
        y: 500
      }
    ],
    // links: [],
    links: [
      {
        source: 0,
        target: 1,
        symbolSize: [5, 20],
        label: {
          show: true
        },
        lineStyle: {
          width: 5,
```

```
          curveness: 0.2
        }
      },
      {
        source: 'Node 2',
        target: 'Node 1',
        label: {
          show: true
        },
        lineStyle: {
          curveness: 0.2
        }
      },
      {
        source: 'Node 1',
        target: 'Node 3'
      },
      {
        source: 'Node 2',
        target: 'Node 3'
      },
      {
        source: 'Node 2',
        target: 'Node 4'
      },
      {
        source: 'Node 1',
        target: 'Node 4'
      }
    ],
    lineStyle: {
      opacity: 0.9,
      width: 2,
      curveness: 0
    }
  }
  ]
};
```

【图表展示】

训练 8-1 对应的关系图如图 8-1 所示。

基础关系图

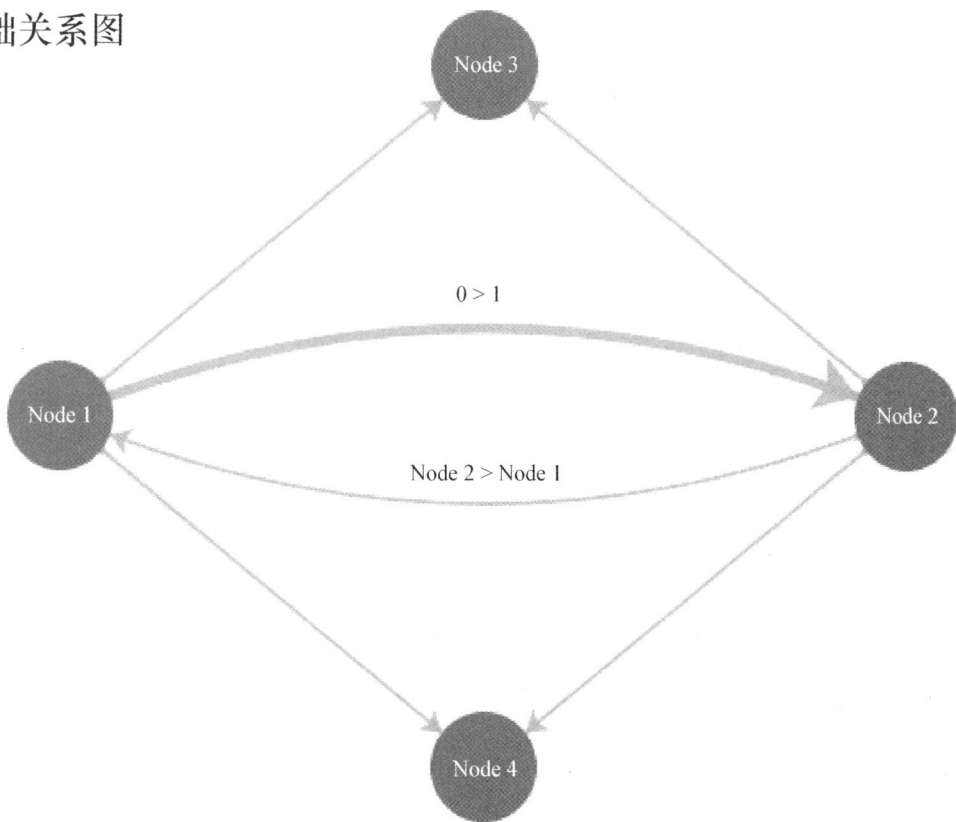

图 8-1　训练 8-1 对应的关系图

8.2　绘制矩形树图

　　矩形树图是一种常见的表现层级数据、树状数据的可视化形式，它主要通过面积的差异突出"树"结构中各层级的重要节点。矩形树图既能表现数据的层次关系，又能表现每个层级的占比。

【引导训练】

【训练 8-2】在网页文件 test0802.html 中绘制基础矩形树图

【代码编写】

```
option = {
  series: [
    {
```

```
    type: 'treemap',
    data: [
        {
            name: 'nodeA',
            value: 10,
            children: [
                {
                    name: 'nodeAa',
                    value: 4
                },
                {
                    name: 'nodeAb',
                    value: 6
                }
            ]
        },
        {
            name: 'nodeB',
            value: 20,
            children: [
                {
                    name: 'nodeBa',
                    value: 20,
                    children: [
                        {
                            name: 'nodeBa1',
                            value: 20
                        }
                    ]
                }
            ]
        }
    ]
};
```

【图表展示】

训练 8-2 对应的矩形树图如图 8-2 所示。

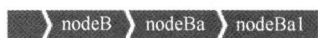

图 8-2 训练 8-2 对应的矩形树图

【引导训练】

【训练 8-3】在网页文件 test0803.html 中绘制水果销售量矩形树图

【代码编写】

```
function getLevelOption() {
    return [
        {
            itemStyle: {
                borderWidth: 0,
                gapWidth: 5
            }
        },
        {
            itemStyle: {
                gapWidth: 1
            }
        },
        {
            colorSaturation: [0.35, 0.5],
            itemStyle: {
                gapWidth: 1,
                borderColorSaturation: 0.6
            }
        }
    ];
```

```
}
var option = {      // 指定图表的配置项和数据
    title: {        // 配置标题组件
        text: '矩形树图', top: 15,
        textStyle: { color: 'green' }, left: 270
    },
    series: [{
        name: '全部',
        type: 'treemap',
        levels: getLevelOption(),
        data: [{
            name: '苹果',
            value: 583,
            children: [{
                name: '红富士苹果',
                value: 265
            }, {
                name: '冰糖心苹果',
                value: 124
            }, {
                name: '青苹果',
                value: 108
            }, {
                name: '鸡心果',
                value: 86
            }]
        }, {
            name: '梨子',
            value: 172,
            children: [{
                name: '酥梨',
                value: 39
            }, {
                name: '黄金梨',
                value: 71
            }, {
                name: '雪花梨',
                value: 62
            }]
        }, {
```

```
        name: '葡萄',
        value: 280,
        children: [{
            name: '巨峰葡萄',
            value: 124
        }, {
            name: '阳光玫瑰',
            value: 156
        }]
    }]
}]
};
```

【图表展示】

训练 8-3 对应的矩形树图如图 8-3 所示。

图 8-3　训练 8-3 对应的矩形树图

8.3　绘制旭日图

旭日图由多层饼图组成，在数据结构上，内圈是外圈的父节点。因此，它既能像饼图一样表现局部的占比，又能像矩形树图一样表现层级关系。

【引导训练】

【训练 8-4】在网页文件 test0804.html 中绘制基础旭日图

电子活页 8-1

【代码编写】

扫描二维码，浏览电子活页 8-1 中的内容，熟悉训练 8-4 的对应代码。

【图表展示】

训练 8-4 对应的旭日图如图 8-4 所示。

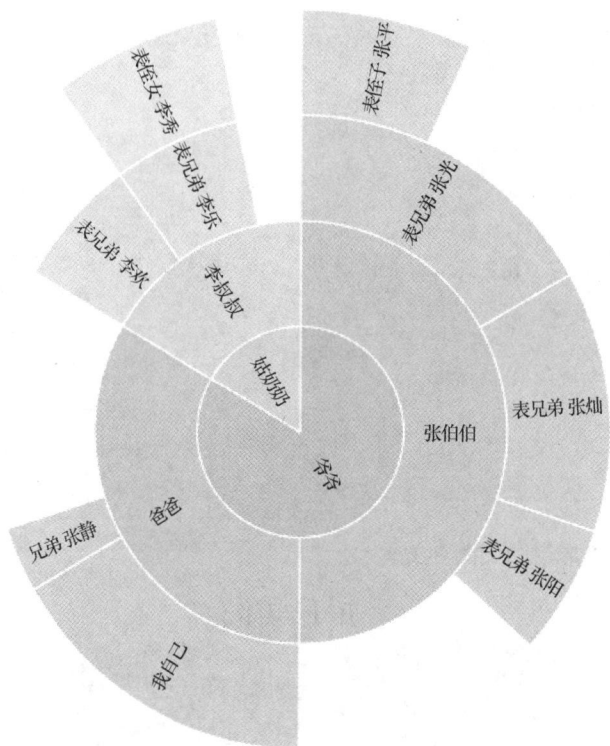

图 8-4　训练 8-4 对应的旭日图

8.4　绘制平行坐标图

平行坐标图适用于多维数据的可视化分析。每一个维度（每一列）对应一个坐标轴，每一个数据项是一条线，贯穿多个坐标轴。在坐标轴上，可以进行数据选取等操作。

🔧【引导训练】

【训练 8-5】在网页文件 test0805.html 中绘制平行坐标图

【代码编写】

```
option = {
  parallelAxis: [
    { dim: 0, name: '价格' },
    { dim: 1, name: '净重' },
    { dim: 2, name: '金额' },
    {
    dim: 3,
    name: '得分',
    type: 'category',
    data: ['较差', '一般', '良好', '优秀']
```

```
      }
    ],
    series: {
      type: 'parallel',
      lineStyle: {
        width: 4
      },
      data: [
        [12.99, 100, 82, '良好'],
        [9.99, 80, 77, '一般'],
        [20, 120, 60, '优秀'],
        [22.7, 62, 95, '较差'],
      ]
    }
  };
```

【图表展示】

训练 8-5 对应的平行坐标图如图 8-5 所示。

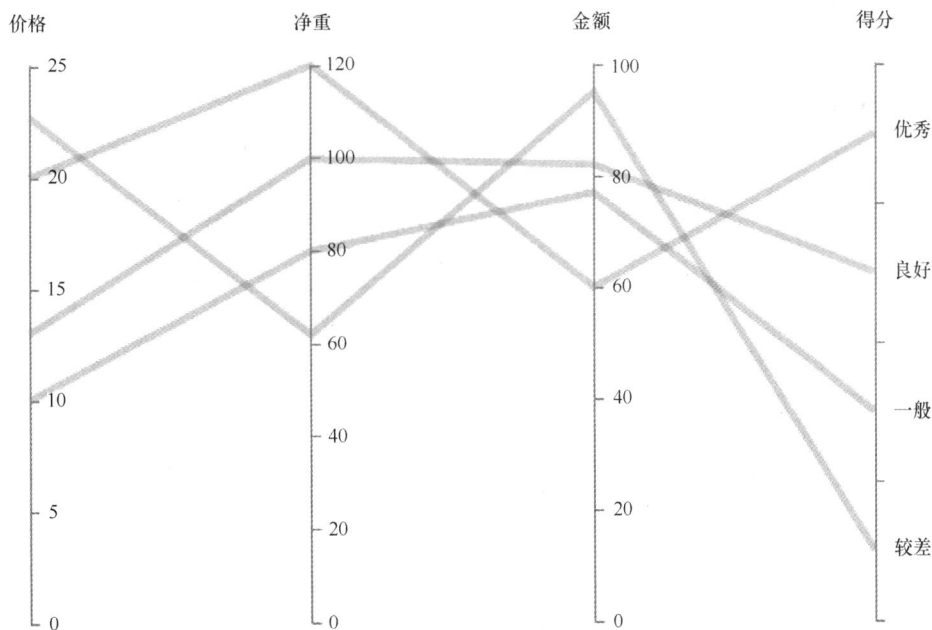

图 8-5　训练 8-5 对应的平行坐标图

8.5　绘制桑基图

桑基图是一种特殊的流图（可以看作有向无环图），它主要用来表现原材料、能量等如何从最初形式转化为最终状态。

【训练 8-6】在网页文件 test0806.html 中绘制基础桑基图

【代码编写】

```
option = {
  series: {
    type: 'sankey',
    layout: 'none',
    emphasis: {
      focus: 'adjacency'
    },
    data: [
      {
        name: 'a'
      },
      {
        name: 'b'
      },
      {
        name: 'a1'
      },
      {
        name: 'a2'
      },
      {
        name: 'b1'
      },
      {
        name: 'c'
      }
    ],
    links: [
      {
        source: 'a',
        target: 'a1',
        value: 5
      },
      {
        source: 'a',
```

```
            target: 'a2',
            value: 3
          },
          {
            source: 'b',
            target: 'b1',
            value: 8
          },
          {
            source: 'a',
            target: 'b1',
            value: 3
          },
          {
            source: 'b1',
            target: 'a1',
            value: 1
          },
          {
            source: 'b1',
            target: 'c',
            value: 2
          }
        ]
      }
};
```

【图表展示】

训练 8-6 对应的桑基图如图 8-6 所示。

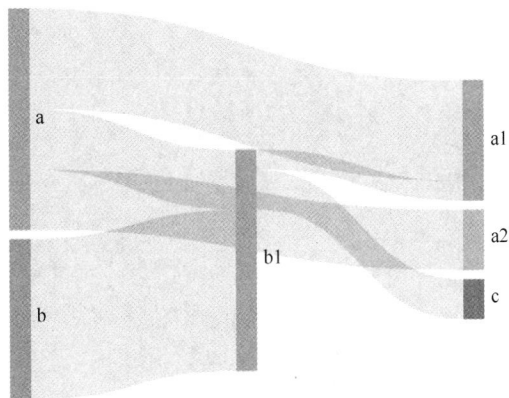

图 8-6　训练 8-6 对应的桑基图

8.6 绘制漏斗图

漏斗图是一种特殊类型的散点图，其形状类似于漏斗，用来展示各阶段数据的分布及流转情况。它描述了特定对象在时间或流程行进下所处的阶段，用于展示数据在多个阶段的流失或转化情况。

【引导训练】

【训练 8-7】在网页文件 test0807.html 中绘制漏斗图

【代码编写】

```
option = {
  title: {
    text: '漏斗图'
  },
  tooltip: {
    trigger: 'item',
    formatter: '{a} <br/>{b} : {c}%'
  },
  toolbox: {
    feature: {
      dataView: { readOnly: false },
      restore: {},
      saveAsImage: {}
    }
  },
  legend: {
    data: ['显示', '单击', '访问', '查询', '订购']
  },
  series: [
    {
      name: 'Funnel',
      type: 'funnel',
      left: '10%',
      top: 60,
      bottom: 60,
      width: '80%',
      min: 0,
```

```
        max: 100,
        minSize: '0%',
        maxSize: '100%',
        sort: 'descending',
        gap: 2,
        label: {
          show: true,
          position: 'inside'
        },
        labelLine: {
          length: 10,
          lineStyle: {
            width: 1,
            type: 'solid'
          }
        },
        itemStyle: {
          borderColor: '#fff',
          borderWidth: 1
        },
        emphasis: {
          label: {
            fontSize: 20
          }
        },
        data: [
          { value: 60, name: '访问' },
          { value: 40, name: '查询' },
          { value: 20, name: '订购' },
          { value: 80, name: '单击' },
          { value: 100, name: '显示' }
        ]
      }
    ]
};
```

【图表展示】

训练 8-7 对应的漏斗图如图 8-7 所示。

漏斗图　　▨显示　▨单击　▨访问　▨查询　▨订购

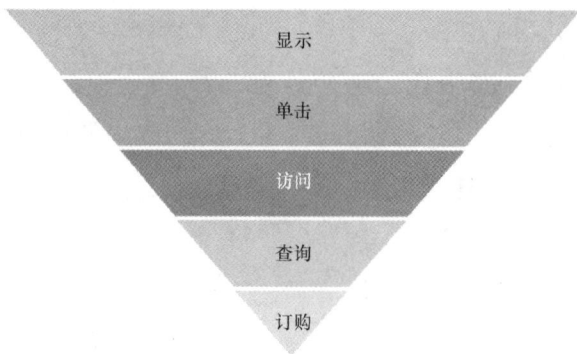

图 8-7　训练 8-7 对应的漏斗图

【实战任务】

【任务 8-1】绘制日历关系图

【任务描述】

（1）启动 Dreamweaver，创建网页 task0801.html，将该文件保存到本模块文件夹 Unit08 中。

（2）在网页 task0801.html 中绘制日历关系图，并进行必要的属性设置。

电子活页 8-2

【代码编写】

扫描二维码，浏览电子活页 8-2 中的内容，熟悉 task0801.html 的完整代码。

【图表展示】

任务 8-1 对应的日历关系图如图 8-8 所示。

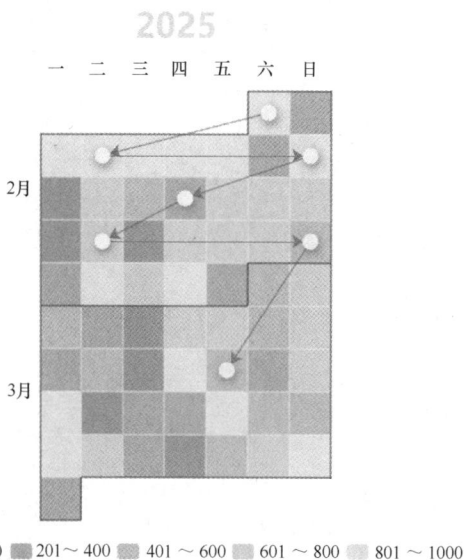

▨ 0～200　▨ 201～400　▨ 401～600　▨ 601～800　▨ 801～1000

图 8-8　任务 8-1 对应的日历关系图

Web 数据可视化教程（基于 ECharts）

【任务 8-2】绘制标签旋转旭日图

【任务描述】

（1）启动 Dreamweaver，创建网页 task0802.html，将该文件保存到本模块文件夹 Unit08 中。

（2）在网页 task0802.html 中绘制标签旋转旭日图，并进行必要的属性设置。

【代码编写】

扫描二维码，浏览电子活页 8-3 中的内容，熟悉任务 8-2 的对应代码。

电子活页 8-3

【图表展示】

任务 8-2 对应的旭日图如图 8-9 所示。

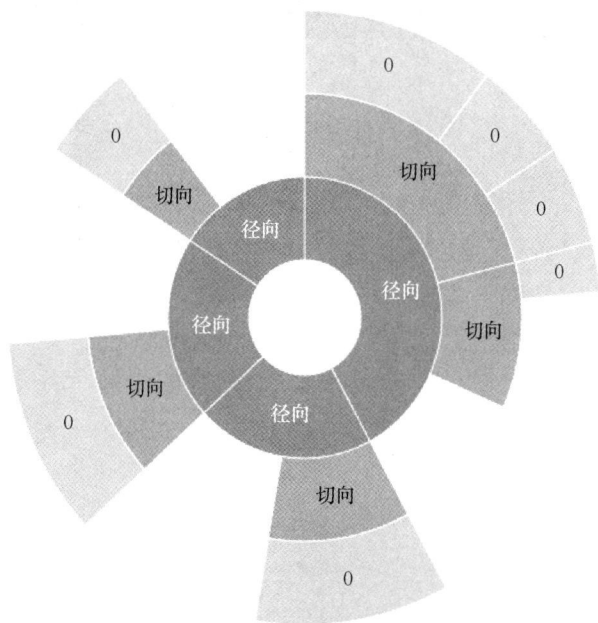

图 8-9 任务 8-2 对应的旭日图

【任务 8-3】绘制 AQI 分布图（平行坐标图）

【任务描述】

（1）启动 Dreamweaver，创建网页 task0803.html，将该文件保存到本模块文件夹 Unit08 中。

（2）在网页 task0803.html 中绘制 AQI 分布图（平行坐标图），并进行必要的属性设置。

电子活页 8-4

【代码编写】

扫描二维码，浏览电子活页 8-4 中的内容，熟悉任务 8-3 的对应代码。

【图表展示】

任务 8-3 对应的平行坐标图如图 8-10 所示。

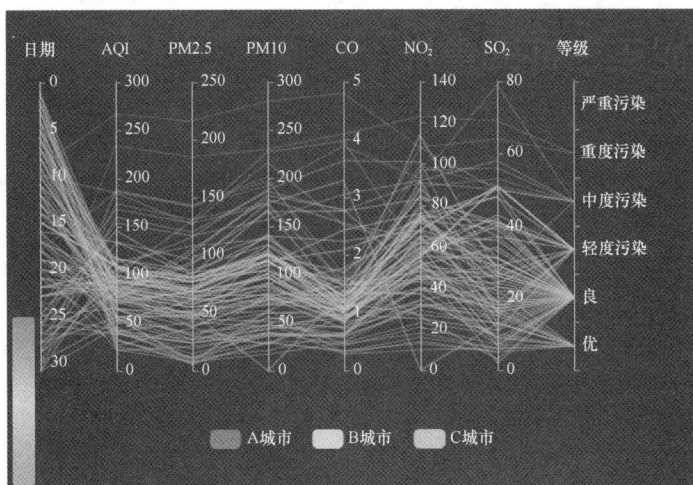

图 8-10　任务 8-3 对应的平行坐标图

模块 09

应用ECharts高级功能

ECharts 作为一个功能强大的数据可视化工具，提供了丰富的高级功能，这些功能使得数据展示更加直观、生动且易于理解。ECharts 的高级功能主要包括事件与行为、富文本标签、异步数据的加载与动态更新、过渡动画效果、服务端渲染 ECharts 图表等。

9.1 ECharts 的事件与行为

用户在 ECharts 图表中的操作会触发相应的事件。开发者可以监听这些事件，然后通过回调函数进行相应的处理，例如跳转到一个地址、弹出对话框、进行数据钻取等。

ECharts 中的事件名称与 DOM 事件名称对应，均为小写的字符串，绑定单击操作的代码如下：

```javascript
myChart.on('click', function(params) {
    // 控制台输出数据的名称
    console.log(params.name);
});
```

ECharts 中的事件分为两种，一种是用户使用鼠标操作图表的图形时触发的鼠标事件；另一种是用户使用可以交互的组件后触发的行为事件，如在切换图例开关时触发的'legendselectchanged'事件（需要注意切换图例开关不会触发'legendselected'事件），缩放数据区域时触发的'datazoom'事件等。

9.1.1 鼠标事件的处理

ECharts 支持常规的鼠标事件，包括'click'事件、'dblclick'事件、'mousedown'事件、'mousemove'事件、'mouseup'事件、'mouseover'事件、'mouseout'事件、'globalout'事件、'contextmenu'事件等。

【引导训练】

【训练 9-1】在网页文件 test0901.html 中单击柱状图中的矩形条后打开相应的百度搜索页面

【代码编写】

```html
<script type="text/javascript">
    // 基于准备好的 DOM 初始化 ECharts 实例
```

```
    var chartDom = document.getElementById('main');
    var myChart = echarts.init(chartDom);
    var option;
    // 指定图表的配置项和数据
    var option = {
      xAxis: {
        data: ['苹果', '梨子', '葡萄', '杜果', '桃子', '猕猴桃']
      },
      yAxis: {},
      series: [
        {
          name: '销量',
          type: 'bar',
          data: [5, 20, 36, 10, 10, 20]
        }
      ]
    };
    // 显示图表
    myChart.setOption(option);
    // 处理单击事件并且跳转到相应的百度搜索页面
    myChart.on('click', function(params) {
      window.open('https://www.baidu.com/s?wd=' + encodeURIComponent(params.name));
    });
</script>
```

【图表展示】

训练 9-1 对应的柱状图如图 9-1 所示。

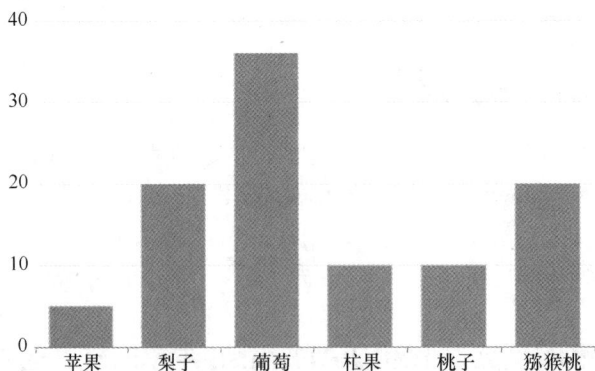

图 9-1　训练 9-1 对应的柱状图

浏览该网页，单击柱状图中"猕猴桃"对应的矩形条后将打开相应的百度搜索页面，如图 9-2 所示。

图 9-2   打开的百度搜索页面

9.1.2   组件交互行为事件的处理

在 ECharts 中，基本上所有的组件交互行为都会触发相应的事件，常用的事件和事件对应参数可以参考官方文档。

下面是监听图例开关的示例。

【示例代码 9-1】

```
// 图例开关的行为只会触发 'legendselectchanged' 事件
myChart.on('legendselectchanged', function(params) {
    // 获取图例的选中状态
    var isSelected = params.selected[params.name];
    // 在控制台中输出
    console.log((isSelected ? '选中了' : '取消选中了') + '图例' + params.name);
    // 输出所有图例的状态
    console.log(params.selected);
});
```

9.1.3   代码触发 ECharts 中组件的行为

'legendselectchanged'事件由组件交互行为触发，除了用户的交互操作，有时需要在程序里调用方法触发图表的行为，如显示 tooltip、选中图例。

在 ECharts 中，myChart.dispatchAction({ type: " })用于触发图表行为，通过调用该方法，可以统一管理所有动作，也可以方便地根据需要记录用户的行为路径。

常用的动作和动作对应参数可以参考官方文档。

【引导训练】

【训练 9-2】在网页文件 test0902.html 中通过调用 dispatchAction 轮流高亮饼图的每个扇形

【代码编写】

```
option = {
```

```
  title: {
    text: '通过程序调用实现轮流高亮饼图的每个扇形',
    left: 'center'
  },
  tooltip: {
    trigger: 'item',
    formatter: '{a} <br/>{b} : {c} ({d}%)'
  },
  legend: {
    orient: 'vertical',
    left: 'right',
    data: ['品牌联合促销', '节假日促销', '门店特别促销', '无促销活动']
  },
  series: [
    {
      name: '访问来源',
      type: 'pie',
      radius: '55%',
      center: ['50%', '60%'],
      data: [
        { value: 335, name: '品牌联合促销' },
        { value: 310, name: '节假日促销' },
        { value: 234, name: '门店特别促销' },
        { value: 135, name: '无促销活动' }
      ],
      emphasis: {
        itemStyle: {
          shadowBlur: 10,
          shadowOffsetX: 0,
          shadowColor: 'rgba(0, 0, 0, 0.5)'
        }
      }
    }
  ]
};
let currentIndex = -1;
setInterval(function() {
  var dataLen = option.series[0].data.length;
  // 取消高亮之前高亮的图形
  myChart.dispatchAction({
```

```
    type: 'downplay',
    seriesIndex: 0,
    dataIndex: currentIndex
  });
  currentIndex = (currentIndex + 1) % dataLen;
  // 高亮当前图形
  myChart.dispatchAction({
    type: 'highlight',
    seriesIndex: 0,
    dataIndex: currentIndex
  });
  // 显示 tooltip
  myChart.dispatchAction({
    type: 'showTip',
    seriesIndex: 0,
    dataIndex: currentIndex
  });
}, 1000);
```

【图表展示】

训练 9-2 对应的饼图如图 9-3 所示。

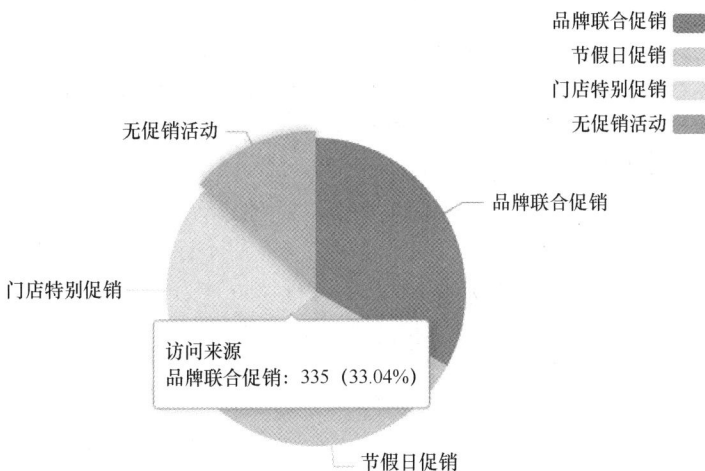

图 9-3　训练 9-2 对应的饼图

9.1.4　监听空白处的事件

在某些场景中，开发者需要监听画布空白处的事件，如在用户单击空白处时重置图表。在深入讨论这个功能之前，有必要先区分 ZRender 事件和 ECharts 事件。

【示例代码 9-2】

```
myChart.getZr().on('click', function(event) {
  // 该监听器正在监听一个 ZRender 事件
});
myChart.on('click', function(event) {
  // 该监听器正在监听 ECharts 事件
});
```

ZRender 事件与 ECharts 事件不同。鼠标在任何地方进行操作都会触发 ZRender 事件，而只有当鼠标在图形元素上进行操作时才会触发 ECharts 事件。事实上，ECharts 事件是在 ZRender 事件的基础上实现的，也就是说，当一个 ZRender 事件在图形元素上被触发时，才有可能进一步触发相应的 ECharts 事件。

有了 ZRender 事件，就可以实现监听空白处的事件。

【示例代码 9-3】

```
myChart.getZr().on('click', function(event) {
  // 没有 target 意味着鼠标指针不在任何一个图形元素上，它是从空白处触发的
  if (!event.target) {
    // 单击空白处进行的操作
  }
});
```

9.2 使用 ECharts 的富文本标签

ECharts 中的文本标签从 3.7 版本开始支持富文本模式，功能如下。

（1）定制文本块整体的样式（如背景、边框、阴影等）、位置、旋转角度等。

（2）定制文本块中个别片段的样式（如颜色、字体、高宽、背景、阴影等）、对齐方式等。

（3）在文本中使用图片做小图标或者背景。

（4）特定组合以上的规则，可以实现简单表格、分割线等效果。

文本块和文本片段的含义如下。

（1）文本块（Text Block）：文本标签整体。

（2）文本片段（Text Fragment）：文本标签中的部分文本。

【引导训练】

【训练 9-3】在网页文件 test0903.html 中使用富文本标签

【代码编写】

```
option = {
  series: [
    {
      type: 'scatter',
```

```
data: [[0, 0]],
symbolSize: 1,
label: {
  show: true,
  formatter: [
    '整个框是一个{term|文本块}, ',
    '红色边框和灰色背景。',
    '{fragment1|一个文本片段} {fragment2|另一个文本片段}',
    '文本片段可以定制。'
  ].join('\n'),
  backgroundColor: '#eee',
  borderColor: 'rgb(199,86,83)',
  borderWidth: 2,
  borderRadius: 5,
  padding: 10,
  color: '#000',
  fontSize: 14,
  shadowBlur: 3,
  shadowColor: '#888',
  shadowOffsetX: 0,
  shadowOffsetY: 3,
  lineHeight: 30,
  rich: {
    term: {
      fontSize: 18,
      color: 'rgb(199,86,83)'
    },
    fragment1: {
      backgroundColor: '#000',
      color: 'yellow',
      padding: 5
    },
    fragment2: {
      backgroundColor: '#339911',
      color: '#fff',
      borderRadius: 15,
      padding: 5
    }
  }
```

```
        }
      }
    ],
    xAxis: {
      axisLabel: { show: false },
      axisLine: { show: false },
      splitLine: { show: false },
      axisTick: { show: false },
      min: -1,
      max: 1
    },
    yAxis: {
      axisLabel: { show: false },
      axisLine: { show: false },
      splitLine: { show: false },
      axisTick: { show: false },
      min: -1,
      max: 1
    }
};
```

【图表展示】

训练 9-3 对应的富文本标签如图 9-4 所示。

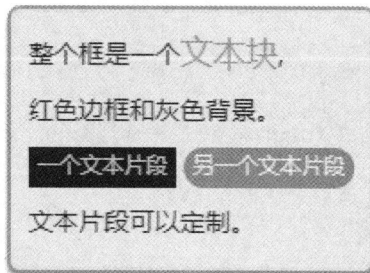

图 9-4　训练 9-3 对应的富文本标签

9.2.1　文本样式相关的配置项

ECharts 提供了丰富的文本标签配置项，具体如下。

（1）字体基本样式：fontStyle、fontWeight、fontSize、fontFamily。

（2）文字颜色：color。

（3）文字描边：textBorderColor、textBorderWidth。

（4）文字阴影：textShadowColor、textShadowBlur、textShadowOffsetX、textShadowOffsetY。

（5）文本块或文本片段大小：lineHeight、width、height、padding。

（6）文本块或文本片段的对齐方式：align、verticalAlign。

（7）文本块或文本片段的边框、背景（颜色或图片）：backgroundColor、borderColor、borderWidth、borderRadius。

（8）文本块或文本片段的阴影：shadowColor、shadowBlur、shadowOffsetX、shadowOffsetY。

（9）文本块的位置和旋转角度：position、distance、rotate。

可以在 rich 属性中定义文本片段样式。

🔧【引导训练】

【训练 9-4】在网页文件 test0904.html 中应用文本样式相关的配置项

【代码编写】

扫描二维码，浏览电子活页 9-1 中的内容，熟悉训练 9-4 的对应代码。

【图表展示】

训练 9-4 对应的富文本标签如图 9-5 所示。

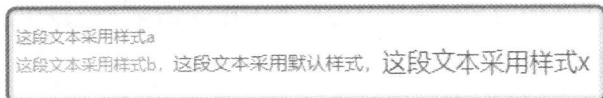

电子活页 9-1

图 9-5　训练 9-4 对应的富文本标签

9.2.2　文本、文本框、文本片段的基本样式和装饰

文本、文本框、文本片段可以设置的基本样式如下。

（1）文本可以设置基本的字体样式：fontStyle、fontWeight、fontSize、fontFamily。

（2）文本可以设置文字的颜色和边框的颜色：color、textBorderColor、textBorderWidth。

（3）文本框可以设置边框和背景的样式：borderColor、borderWidth、backgroundColor、padding。

（4）文本片段可以设置边框和背景的样式：borderColor、borderWidth、backgroundColor、padding。

🔧【引导训练】

【训练 9-5】在网页文件 test0905.html 中设置文本、文本框、文本片段的基本样式和装饰

电子活页 9-2

【代码编写】

扫描二维码，浏览电子活页 9-2 中的内容，熟悉训练 9-5 的对应代码。

【图表展示】

训练 9-5 对应的富文本标签如图 9-6 所示。

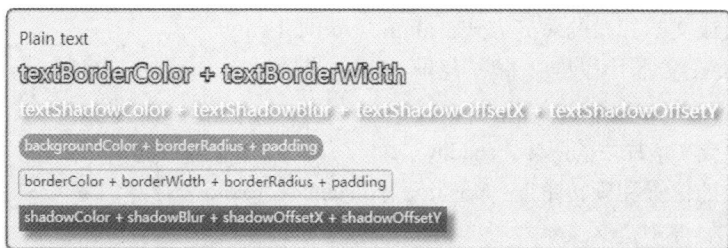

图 9-6　训练 9-5 对应的富文本标签

9.2.3　标签的位置

折线图、柱状图、散点图等均可使用 label 来设置标签，通常使用 label.position、label.distance 来设置标签相对于图形元素的位置。

【引导训练】

【训练 9-6】在网页文件 test0906.html 中设置标签的 position 和 distance 属性

【代码编写】

```
option = {
  series: [
    {
      type: 'scatter',
      symbolSize: 160,
      symbol: 'roundRect',
      data: [[1, 1]],
      label: {
        // 试试修改 position 和 distance 的值
        // 支持的值: 'left'、'right'、'top'、'bottom'、'inside'、'insideTop'
        // 'insideLeft'、'insideRight'、'insideTopLeft'、'insideTopRight'
        // 'insideBottom'、'insideBottomLeft'、'insideBottomRight'
        position: 'top',
        distance: 10,
        show: true,
        formatter: ['标签文本'].join('\n'),
        backgroundColor: '#eee',
        borderColor: '#555',
        borderWidth: 2,
        borderRadius: 5,
        padding: 10,
```

```
      fontSize: 18,
      shadowBlur: 3,
      shadowColor: '#888',
      shadowOffsetX: 0,
      shadowOffsetY: 3,
      textBorderColor: '#000',
      textBorderWidth: 3,
      color: '#fff'
    }
  }
],
xAxis: {
  max: 2
},
yAxis: {
  max: 2
}
};
```

注意：不同图表中，position 的可取值有所不同，并不是每个图表都支持 distance。

【图表展示】

训练 9-6 对应的标签如图 9-7 所示。

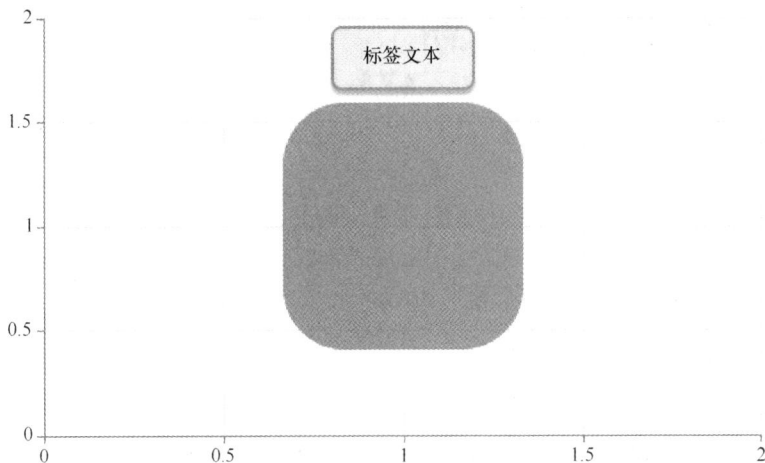

图 9-7　训练 9-6 对应的标签

9.2.4　文本片段的排版和对齐

可以将文本片段想象成 CSS 中的 inline-block，在文档流中按行放置。

每个文本片段的内容盒尺寸（Content Box Size）默认由文字大小决定，也可以通过设置

width、height 来强制指定，但一般不会这么做。'\n'是换行符，可以实现换行效果。

一行内会有多个文本片段，每行的实际高度由 lineHeight 最大的文本片段决定。文本片段的 lineHeight 可直接在 rich 中指定，也可以在 rich 的父层级中统一指定，如果不指定，则取文本片段的边框盒尺寸（Border Box Size）。

在一行的 lineHeight 确定之后，该行内各个文本片段的竖直位置由文本片段的 verticalAlign 决定（与 CSS 中的规则稍有不同）。

（1）'bottom'：文本片段的底边对齐行底。

（2）'top'：文本片段的顶边对齐行顶。

（3）'middle'：文本片段居行中。

文本块的宽度可以通过文本块的 width 指定，否则由最长的行的内容决定。文本块的宽度确定之后，在每一行中放置文本片段。

文本片段的 align 决定了文本片段在行中的水平位置。

首先，从左向右连续紧靠放置 align 为'left'的文本片段。

然后，从右向左连续紧靠放置 align 为'right'的文本片段。

最后，剩余的没处理的文本片段紧贴着在中间剩余的区域居中放置。

文字在文本片段中的位置如下。

（1）如果 align 为'center'，则文字在文本片段中是居中的。

（2）如果 align 为'left'，则文字在文本片段中是居左的。

（3）如果 align 为'right'，则文字在文本片段中是居右的。

9.3 绘制 ECharts 图形时实现异步数据的加载与动态更新

9.3.1 异步加载

前面介绍的示例中的数据是在初始化后通过 setOption 直接填入图表中的，但是很多时候数据需要异步加载后才能填入。在 ECharts 中实现异步数据的更新非常简单，图表初始化后，通过 jQuery 等工具异步获取数据，然后通过 setOption 填入数据和配置项即可。

【引导训练】

【训练 9-7】在网页文件 test0907.html 中绘制柱状图并实现异步数据加载

【代码编写】

```
function fetchData(cb) {
    // 通过 setTimeout 模拟异步加载
    setTimeout(function () {
```

```
    cb({
      categories: ['苹果', '梨子', '葡萄', '杧果', '桃子'],
      data: [23, 21, 18, 25, 15]
    });
  }, 1000);
}
// 初始 option
option = {
  title: {
    text: '异步数据加载示例'
  },
  tooltip: {},
  legend: {
    data: ['销量']
  },
  xAxis: {
    data: []
  },
  yAxis: {},
  series: [
    {
      name: '销量',
      type: 'bar',
      data: []
    }
  ]
};
fetchData(function (data) {
  myChart.setOption({
    xAxis: {
      data: data.categories
    },
    series: [
      {
        // 根据名称对应到相应的系列
        name: '销量',
        data: data.data
      }
    ]
  });
```

说明：在 ECharts 中，更新数据的时候需要通过 name 属性对应到相应的系列，如果 name 不存在，ECharts 也可以根据系列的顺序正常更新数据，但还是推荐更新数据的时候指定系列的 name 属性。

【图表展示】

训练 9-7 对应的柱状图如图 9-8 所示。

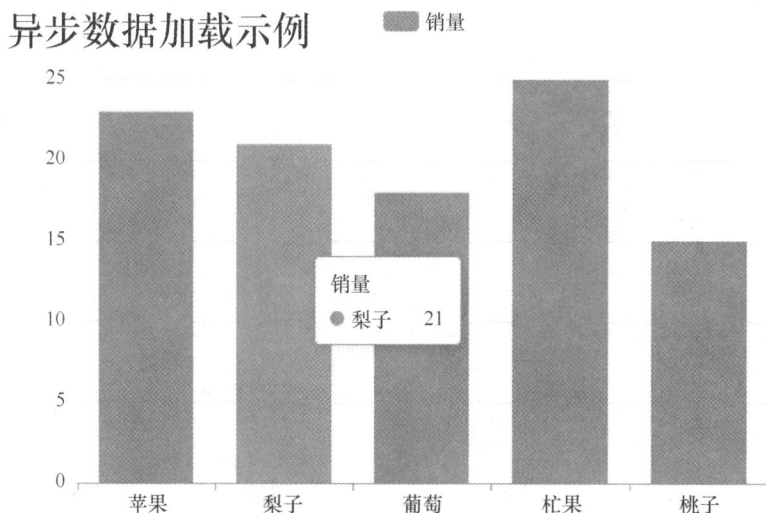

图 9-8　训练 9-7 对应的柱状图

9.3.2　应用 loading 动画

如果数据加载时间较长，会出现放在画布上仅显示空的坐标轴的情况，可能会让用户觉得图表出错了，因此需要使用 loading 动画来提示用户数据正在加载。

ECharts 默认提供了一个简单的加载动画，调用 showLoading 方法即可显示。数据加载完成后可以调用 hideLoading 方法隐藏加载动画。

【示例代码 9-4】

```
myChart.showLoading();
fetchData(function (data) {
    myChart.hideLoading();
    myChart.setOption(...);
});
```

9.3.3　动态更新

ECharts 是由数据驱动的，数据的改变会引起图表的更新，因此实现数据的动态更新非常简单。所有数据的更新都通过 setOption 方法实现，只需要定时获取数据，然后通过 setOption 方法填入数据，无须关心数据的变化细节，ECharts 会找到两组数据之间的差异，然后通过合适的动画去表现数据的变化。

【引导训练】

【训练 9-8】在网页文件 test0908.html 中绘制图形时实现数据的动态更新

【代码编写】

```
var base = +new Date(2024, 9, 28);
var oneDay = 24 * 3600 * 1000;
var date = [];
var data = [Math.random() * 150];
var now = new Date(base);
function addData(shift) {
  now = [now.getFullYear(), now.getMonth() + 1, now.getDate()].join('/');
  date.push(now);
  data.push((Math.random() - 0.4) * 10 + data[data.length - 1]);
  if (shift) {
    date.shift();
    data.shift();
  }
  now = new Date(+new Date(now) + oneDay);
}
for (var i = 1; i < 100; i++) {
  addData();
}
option = {
  xAxis: {
    type: 'category',
    boundaryGap: false,
    data: date
  },
  yAxis: {
    boundaryGap: [0, '50%'],
    type: 'value'
  },
  series: [
    {
      name: '成交',
      type: 'line',
      smooth: true,
```

```
        symbol: 'none',
        stack: 'a',
        areaStyle: {
          normal: {}
        },
        data: data
      }
    ]
};
setInterval(function () {
  addData(true);
  myChart.setOption({
    xAxis: {
      data: date
    },
    series: [
      {
        name: '成交',
        data: data
      }
    ]
  });
}, 500);
```

【图表展示】

训练 9-8 对应的图表如图 9-9 所示。

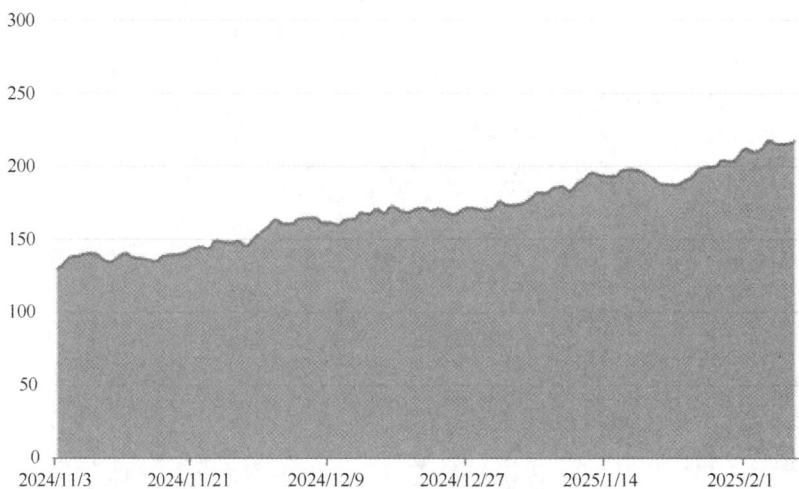

图 9-9　训练 9-8 对应的图表

9.4 更新数据时配置过渡动画效果

ECharts 提供了平移、缩放、变形等过渡动画，可以让数据的添加、更新、删除，以及用户的交互变得更加顺畅。通常情况下，开发者无须关注动画的具体实现细节，只需按自己的需求调用 setOption 方法更新数据，ECharts 会自动应用合适的过渡动画。

【引导训练】

【训练 9-9】在网页文件 test0909.html 中展示定时更新饼图数据（随机）时的过渡动画效果

【代码编写】

```
function makeRandomData() {
  return [
    {
      value: Math.random(),
      name: '苹果'
    },
    {
      value: Math.random(),
      name: '梨子'
    },
    {
      value: Math.random(),
      name: '葡萄'
    }
  ];
}
option = {
  series: [
    {
      type: 'pie',
      radius: [0, '50%'],
      data: makeRandomData()
    }
  ]
};
setInterval(() => {
  myChart.setOption({
```

```
    series: {
      data: makeRandomData()
    }
  });
}, 2000);
```

【图表展示】

训练 9-9 对应的饼图如图 9-10 所示。

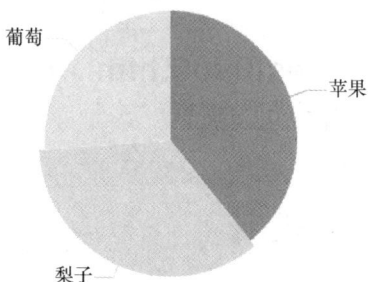

图 9-10　训练 9-9 对应的饼图

9.4.1　过渡动画的配置

由于数据添加和数据更新往往需要不一样的动画效果（如数据更新动画的时长更短），因此 ECharts 区分了这两者的配置。

（1）添加数据时应用入场动画，通过 animationDuration、animationEasing、animationDelay 这 3 个配置项分别配置动画的时长、缓动以及延时。

（2）数据更新时应用更新动画，通过 animationDurationUpdate、animationEasingUpdate、animationDelayUpdate 这 3 个配置项分别配置动画的时长、缓动以及延时。

从数据更新动画配置项的名称可以看出，更新动画配置项是在入场动画配置项名称后加上了后缀 Update。

每次调用 setOption 更新数据时，ECharts 数据与上一次更新的数据进行对比，然后根据对比结果分别对数据执行添加、更新以及移除 3 种操作。对比结果是由数据的 name 来决定的，例如上次的数据中有 3 个 name 分别为'A'、'B'、'C'的数据，而更新的数据的 name 变为了'B'、'C'、'D'，则数据'B'、数据'C'会更新，数据'A'会被移除，而数据'D'会被添加。如果是第一次的更新，因为没有旧数据，所以所有数据都会被添加。ECharts 会根据这 3 种操作分别应用相应的入场动画、更新动画以及移除动画。

这些配置可以设置在顶层的 option 中，对所有系列和组件生效；也可以分别设置在每个 series 中。

如果要关闭动画，可以直接设置 option.animation 为 false。

1．设置动画时长

animationDuration 和 animationDurationUpdate 用于设置动画的时长，单位为 ms，设置较长的动画可以让用户更清晰地看到过渡动画的效果，但是过长的动画也可能会让用户失去耐心。

动画时长设置为 0 时会关闭动画，在只想单独关闭入场动画或者更新动画的时候，可以单独将相应的配置设置为 0。

2．设置动画缓动效果

animationEasing 和 animationEasingUpdate 两个配置项用于设置动画的缓动函数。缓动函数是一个输入动画时间、输出动画进度的函数，其形式如下：

```
(t: number) => number;
```

ECharts 中内置了'cubicIn'（缓入）、'cubicOut'（缓出）等常见的动画缓动函数，可以直接使用。

3．设置动画的延时触发

animationDelay 和 animationDelayUpdate 用于设置动画延迟开始的时间，通常会使用回调函数为不同的数据设置不同的延时来实现交错动画的效果。

✕【引导训练】

【训练 9-10】在网页文件 test0910.html 中使用回调函数为不同数据 设置不同的延时来实现交错动画的效果

【代码编写】

```
var xAxisData = [];
var data1 = [];
var data2 = [];
for (var i = 0; i < 100; i++) {
  xAxisData.push('A' + i);
  data1.push((Math.sin(i / 5) * (i / 5 - 10) + i / 6) * 5);
  data2.push((Math.cos(i / 5) * (i / 5 - 10) + i / 6) * 5);
}
option = {
  legend: {
    data: ['bar1', 'bar2']
  },
  xAxis: {
    data: xAxisData,
    splitLine: {
      show: false
    }
  },
  yAxis: {},
  series: [
    {
      name: 'bar1',
      type: 'bar',
```

```
      data: data1,
      emphasis: {
        focus: 'series'
      },
      animationDelay: function(idx) {
        return idx * 10;
      }
    },
    {
      name: 'bar2',
      type: 'bar',
      data: data2,
      emphasis: {
        focus: 'series'
      },
      animationDelay: function(idx) {
        return idx * 10 + 100;
      }
    }
  ],
  animationEasing: 'elasticOut',
  animationDelayUpdate: function(idx) {
    return idx * 5;
  }
};
```

【图表展示】

训练 9-10 对应的图表如图 9-11 所示。

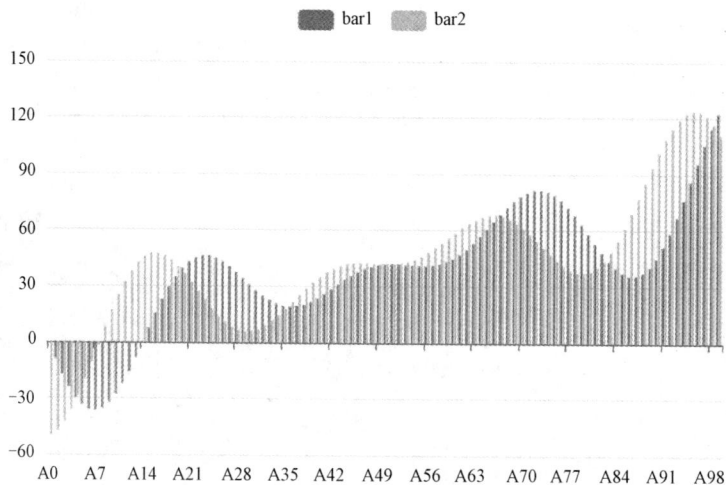

图 9-11　训练 9-10 对应的图表

9.4.2　动画的性能优化

在数据量特别大的时候，为图形应用动画可能会导致卡顿，此时可以设置 animation: false 关闭动画。

对于数据量呈动态变化的图表，推荐使用 animationThreshold 这个配置项，当画布中的图形数量超过这个配置项的值的时候，ECharts 会自动关闭动画来提升绘制性能。这个配置项的值往往是一个经验值，通常 ECharts 的性能足够实时渲染上千个图形的动画（默认值为 2000），但是如果绘制的图表很复杂，或者用户环境比较恶劣、页面中又同时运行很多复杂的代码，也可以适当下调这个值以保证整个应用的流畅性。

9.4.3　监听动画结束

如果要获取当前渲染的结果且没有使用动画，ECharts 会在调用 setOption 之后直接执行渲染，可以通过 getDataURL 方法同步获取渲染的结果。

【示例代码 9-5】

```
const chart = echarts.init(dom);
chart.setOption({
  animation: false
  // 此处省略部分代码
});
// 可以同步执行
const dataUrl = chart.getDataURL();
```

如果图表中有动画，马上执行 getDataURL 方法会得到动画刚开始时的画面，而非最终的结果。因此需要在动画结束之后再执行 getDataURL 方法。

一种比较简单的方式是根据动画时长执行 setTimeout 方法。

【示例代码 9-6】

```
chart.setOption({
  animationDuration: 1000
  // 此处省略部分代码
});
setTimeout(() => {
  const dataUrl = chart.getDataURL();
}, 1000);
```

也可以使用 ECharts 提供的'rendered'事件来实现在动画结束时停止渲染。

【示例代码 9-7】

```
chart.setOption({
  animationDuration: 1000
  // 此处省略部分代码
});
function onRendered() {
```

```
  const dataUrl = chart.getDataURL();
  // 此处省略部分代码
  // 后续如果有交互，交互发生重绘也会触发该事件，因此使用完就需要移除
  chart.off('rendered', onRendered);
}
chart.on('rendered', onRendered);
```

9.5　服务端渲染 ECharts 图表

通常情况下，ECharts 会在浏览器中动态地渲染图表，并且根据用户的交互来更新渲染。但是在下面这些比较特殊的场景，需要在服务端渲染图表，然后输出到浏览器中。

① 需要缩短前端的渲染时间，保证第一时间显示图表。

② 需要在 Markdown、PDF 等不支持动态运行脚本的环境中嵌入图表。

对于这些场景，ECharts 也提供了两种服务端渲染（Server-Side Rendering，SSR）方案：SVG 渲染和 Canvas 渲染。

（1）服务端 SVG 渲染

SVG 渲染的结果为 SVG 字符串，比 Canvas 图片体积更小，矢量 SVG 图片不会模糊，并且支持初始动画。

（2）服务端 Canvas 渲染

Canvas 渲染的结果为图片，图片形式适用场景更广泛，场景不支持 SVG 时可以选择这种渲染方案。

通常情况下，应优先考虑使用 SVG 渲染方案，如果 SVG 不适用再考虑 Canvas 渲染方案。服务端渲染也有一定的局限性，无法支持和交互相关的一些操作。

9.5.1　服务端渲染

1. 服务端 SVG 渲染

ECharts 5.3.0 引入了零依赖的服务端 SVG 渲染方案，并且支持图表的初始动画。

【示例代码 9-8】

```
// 服务端代码
const echarts = require('echarts');
// 在 SSR 模式下第 1 个参数不需要传入 DOM 对象
let chart = echarts.init(null, null, {
  renderer: 'svg',    // 必须使用 SVG 模式
  ssr: true,          // 开启 SSR
  width: 400,         // 需要指明高度和宽度
  height: 300
});
// 调用 setOption
chart.setOption({
  // 此处省略部分代码
```

```
});
// 输出字符串
const svgStr = chart.renderToSVGString();
// 如果不再需要图表, 调用 dispose 方法以释放内存
chart.dispose();
chart = null;
```

示例代码 9-8 的整体结构跟在浏览器中渲染图表一样, 首先调用 init 方法初始化一个图表实例, 然后通过 setOption 方法设置图表的配置项。但是 init 传入的参数和在浏览器中渲染图表的有所不同。

因为在服务端会采用字符串拼接的方式渲染得到 SVG, 并不需要容器来展示渲染的内容, 所以可以在初始化的时候, 向第 1 个 container 参数传入 null 或者 undefined。

在 init 方法的第 3 个参数中, 需要通过显式指定 ssr: true 来告诉 ECharts 需要开启服务端渲染模式, 该模式下 ECharts 会关闭动画循环的模块以及事件交互的模块。

在服务端渲染模式下, 必须通过 width 和 height 显式指定图表的高度和宽度, 因此, 如果图表需要根据容器大小自适应, 可能需要考虑服务端渲染是否适合对应的场景。一种可能的解决方案是, 获取图表容器大小后请求服务端渲染图表, 然后在客户端渲染图表; 当用户交互改变容器大小时, 重新请求服务端渲染。

在浏览器中, 调用 setOption 方法之后, ECharts 会自动进行渲染并将结果绘制到页面中, 后续也会在每一帧判断是否有动画需要进行重绘。Node.js 设置了 ssr: true 后则没有这个过程, 而是使用 renderToSVGString 方法将当前图表渲染到 SVG 字符串, 进一步通过 HTTP Response 返回给前端或者缓存到本地。

HTTP Response 返回给前端 (这里以 Express.js 为例) 的代码如下:

```
res.writeHead(200, {
  'Content-Type': 'application/xml'
});
res.write(svgStr); // svgStr 是调用 chart.renderToSVGString() 得到的字符串
res.end();
```

缓存到本地的代码如下:

```
fs.writeFile('bar.svg', svgStr, 'utf-8');
```

服务端渲染的动画效果是通过在输出的 SVG 字符串中嵌入 CSS 动画实现的, 并不需要额外的 JavaScript 代码来控制动画。

但是, CSS 动画有局限性, 无法在服务端渲染中实现灵活的动画, 如柱状图排序动画、标签动画、路径图的特效动画等。

如果不希望设置动画效果, 可以在调用 setOption 方法的时候通过 animation: false 关闭动画, 代码如下:

```
setOption({
  animation: false
});
```

2. 服务端 Canvas 渲染

如果希望输出的是图片而非 SVG 字符串, 或者还在使用更老版本的 ECharts, 则推荐使用

node-canvas 来实现服务端 Canvas 渲染。node-canvas 是在 Node.js 上的 Canvas 实现，它提供了跟浏览器中的 Canvas 几乎一致的接口。

【示例代码 9-9】

```
var echarts = require('echarts');
const { createCanvas } = require('canvas');
// 在 5.3.0 之前的版本中，必须通过该接口注册 Canvas 实例创建方法，从 5.3.0 版本开始就不需要了
echarts.setCanvasCreator(() => {
  return createCanvas();
});
const canvas = createCanvas(800, 600);
// ECharts 可以直接使用 node-canvas 创建的 Canvas 实例作为容器
let chart = echarts.init(canvas);
// 调用 setOption 方法
chart.setOption({
  // 此处省略部分代码
});
const buffer = renderChart().toBuffer('image/png');
// 如果不再需要图表，调用 dispose 方法以释放内存
chart.dispose();
chart = null;
// 通过 Response 输出 PNG 图片
res.writeHead(200, {
  'Content-Type': 'image/png'
});
res.write(buffer);
res.end();
```

node-canvas 提供了图片加载的 Image 实现，如果在图表中使用了图片，可以使用 5.3.0 版本新增的 setPlatformAPI 来适配。

【示例代码 9-10】

```
echarts.setPlatformAPI({
  // 同老版本的 setCanvasCreator
  createCanvas() {
    return createCanvas();
  },
  loadImage(src, onload, onerror) {
    const img = new Image();
    img.onload = onload.bind(img);
    img.onerror = onerror.bind(img);
    img.src = src;
```

```
      return img;
    }
  });
```

当用户需要在网页或应用中展示远程服务器上的图片时，通常的做法是直接引用该图片的 URL。然而，这种方法可能导致图片加载延迟，尤其是在网络状况不佳的情况下，导致用户体验下降。为了确保图片能够在页面加载时立即显示而不出现加载延迟的问题，可以采取一种优化措施：提前通过 HTTP 请求获取这张图片的数据，然后将图片数据转换为 Base64 编码格式。

9.5.2 客户端二次渲染

1. 客户端懒加载完整 ECharts

部分版本的 ECharts 服务端 SVG 渲染除了完成图表的渲染，还支持如下功能。

（1）图表初始动画，如柱状图初始化时的矩形条上升动画。

（2）高亮样式，如鼠标指针移动到柱状图上时的高亮效果。

仅使用服务端渲染无法实现的效果如下。

（1）动态改变数据。

（2）单击图例切换系列是否显示。

（3）移动鼠标指针显示提示框。

（4）其他与交互相关的效果。

如果有相关需求，可以考虑先使用服务端渲染快速输出首屏图表，等待 echarts.js 加载完后，重新在客户端渲染同样的图表（称为 Hydration），这样就可以实现正常的交互效果和动态改变数据了。需要注意的是，在客户端渲染的时候，应开启 tooltip: { show: true } 之类的交互组件，并且用 animation: 0 关闭初始动画（初始动画应由服务端渲染结果的 SVG 动画完成）。

用户几乎感受不到二次渲染的过程，整个切换是无缝的。也可以在加载 echarts.js 的过程中使用 pace-js 之类的库实现显示加载进度条的效果，以解决 ECharts 加载完之前没有交互反馈的问题。

结合使用服务端 SVG 渲染和客户端 ECharts 懒加载的方式，其优点是，能够在首屏快速展示图表，而懒加载完成后可以实现所有 ECharts 的功能和交互；其缺点是，懒加载完整的 ECharts 需要一定时间，在加载完成前无法实现除高亮之外的用户交互（在这种情况下，开发者可以通过显示"加载中"来解决无交互反馈带来的问题）。这个方案也是目前比较推荐的对首屏加载时间敏感、对功能交互完整性要求高的方案。

2. 客户端轻量运行时

有些场景并不需要很复杂的交互，只需要基于服务端渲染在客户端进行一些简单的交互。例如，用户可以通过单击图例来切换图表中不同系列数据的显示状态，即显示或隐藏某个系列的数据。这种情况下，能否不在客户端加载至少需要几百 KB 的 ECharts 代码呢？

从 ECharts 5.5.0 起，如果图表只需要以下效果和交互，可以通过服务端 SVG 渲染和客户端轻量运行时来实现。

（1）图表初始动画（实现原理：服务端渲染的 SVG 带有 CSS 动画）。

（2）高亮样式（实现原理：服务端渲染的 SVG 带有 CSS 动画）。

（3）动态改变数据（实现原理：轻量运行时请求服务器进行二次渲染）。

（4）单击图例切换系列是否显示（实现原理：轻量运行时请求服务器进行二次渲染）。

【示例代码 9-11】

```
<div id="chart-container" style="width:800px;height:600px"></div>
<script src="https://cdn.jsdelivr.net/npm/echarts/ssr/client/dist/index.min.js">
</script>
<script>
const ssrClient = window['echarts-ssr-client'];
const isSeriesShown = {
  a: true,
  b: true
};
function updateChart(svgStr) {
  const container = document.getElementById('chart-container');
  container.innerHTML = svgStr;
  // 使用轻量运行时赋予图表交互能力
  ssrClient.hydrate(container, {
    on: {
      click: (params) => {
        if (params.ssrType === 'legend') {
          // 单击图例元素，请求服务器进行二次渲染
          isSeriesShown[params.seriesName] = !isSeriesShown[params.seriesName];
          fetch('...?series=' + JSON.stringify(isSeriesShown))
            .then(res => res.text())
            .then(svgStr => {
              updateChart(svgStr);
            });
        }
      }
    }
  });
}
// 通过 AJAX 请求获取服务端渲染的 SVG 字符串
fetch('...')
  .then(res => res.text())
  .then(svgStr => {
    updateChart(svgStr);
  });
</script>
```

服务端根据客户端传来的每个系列是否显示的信息（isSeriesShown）进行二次渲染，返回新的 SVG 字符串。

　　结合使用服务端 SVG 渲染和客户端轻量运行时的优点是，客户端不再需要加载几百 KB 的 ECharts 代码，只需要加载不到 4KB 的轻量运行时代码；并且几乎没有牺牲用户体验（支持初始动画、高亮样式）。其缺点是，需要一定的开发成本来维护额外的状态信息，并且无法支持实时性要求高的交互（如移动鼠标显示提示框）。总体而言，推荐在对代码体积有非常严格的要求的环境中使用这种方式。

⚒ 【实战任务】

【任务 9-1】绘制旋转标签的柱状图

【任务描述】

（1）启动 Dreamweaver，创建网页 task0901.html，将该文件保存到本模块文件夹 Unit09 中。

（2）在网页 task0901.html 中绘制旋转标签的柱状图，并进行必要的属性设置。

【代码编写】

　　某些 ECharts 图表中，为了能有足够的空间来显示标签，需要对标签进行旋转。

```
const labelOption = {
  show: true,
  rotate: 90,
  formatter: '{c}  {name|{a}}',
  fontSize: 16,
  rich: {
    name: {}
  }
};
option = {
  xAxis: [
    {
      type: 'category',
      data: ['5月', '6月', '7月', '8月', '9月']
    }
  ],
  yAxis: [
    {
      type: 'value'
    }
  ],
  series: [
```

```
{
    name: '苹果',
    type: 'bar',
    barGap: 0,
    label: labelOption,
    emphasis: {
      focus: 'series'
    },
    data: [320, 332, 301, 334, 390]
  },
  {
    name: '梨子',
    type: 'bar',
    label: labelOption,
    emphasis: {
      focus: 'series'
    },
    data: [220, 182, 191, 234, 290]
  }
  ]
};
```

【图表展示】

任务 9-1 对应的柱状图如图 9-12 所示。

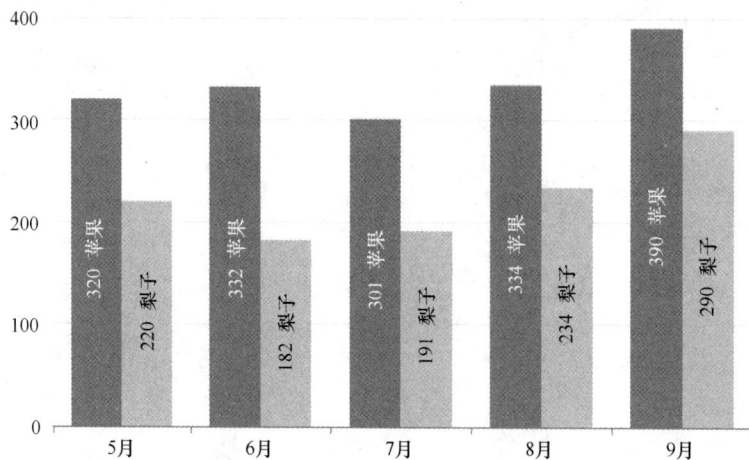

图 9-12　任务 9-1 对应的柱状图

这种场景下，可以结合使用 align 和 verticalAlign 属性来调整标签位置。应先使用 align 和 verticalAlign 属性进行定位，再旋转。

Web 数据可视化教程（基于 ECharts）

【任务 9-2】绘制包含富文本标签的饼图，分析城市各区域的各类天气状况的分布情况

【任务描述】

（1）启动 Dreamweaver，创建网页 task0902.html，将该文件保存到本模块文件夹 Unit09 中。

（2）在网页 task0902.html 中绘制包含富文本标签的饼图，分析城市各区域的各类天气状况的分布情况，并进行必要的属性设置。

电子活页 9-3

【代码编写】

扫描二维码，浏览电子活页 9-3 中的内容，熟悉任务 9-2 的对应代码。

【图表展示】

任务 9-2 对应的饼图如图 9-13 所示。

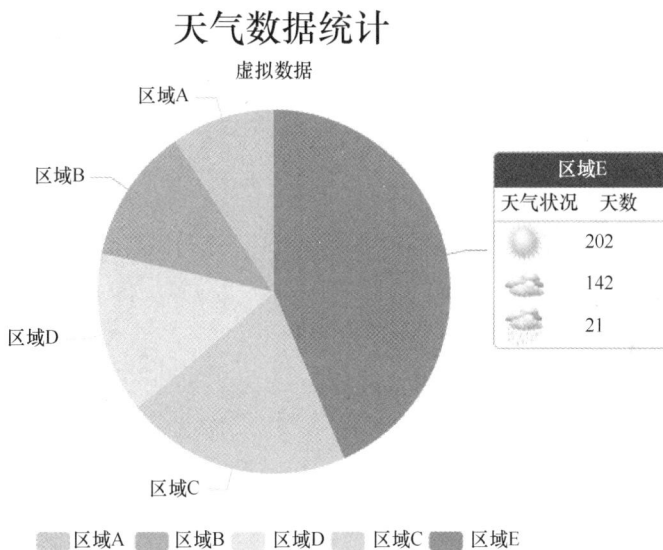

图 9-13　任务 9-2 对应的饼图

【任务 9-3】实现 ECharts 曲线图形的拖曳操作

【任务描述】

（1）启动 Dreamweaver，创建网页 task0903.html，将该文件保存到本模块文件夹 Unit09 中。

（2）在网页 task0903.html 中实现 ECharts 曲线图形的拖曳操作，并进行必要的属性设置。在绘制的曲线中，使用鼠标拖曳曲线的点，从而改变曲线的形状。

电子活页 9-4

【代码编写】

ECharts 本身没有提供"拖曳改变图表"的功能，但是开发者可以通过 API 扩展来实现。

扫描二维码，浏览电子活页 9-4 中的内容，熟悉任务 9-3 的对应代码。

【图表展示】

任务 9-3 对应的曲线图形如图 9-14 所示。

尝试拖动这些点

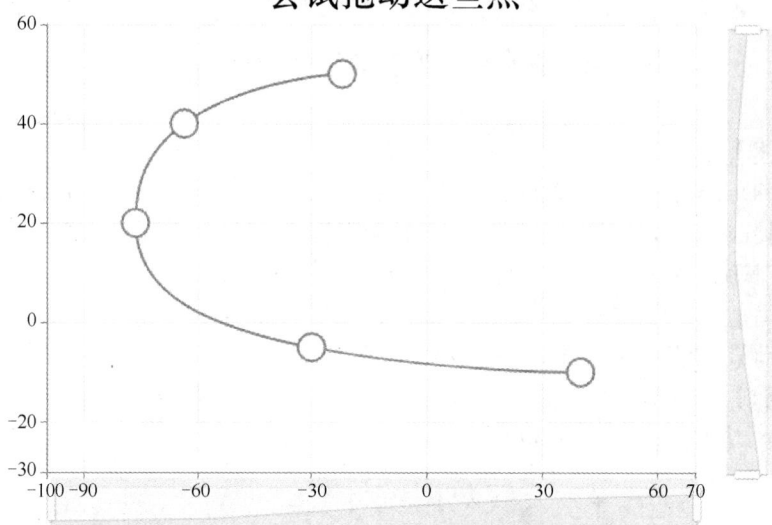

图 9-14　任务 9-3 对应的曲线图形